Dr. med. vet. Axel Bogitzky

Futtermittelallergien beim Hund

Kynos

Konrad-Zuse-Straße 3, D-54552 Nerdlen/Daun
Telefon: 06592 957389-0
www.kynos-verlag.de

Grafik & Layout: Kynos Verlag

Bildnachweis:
Alle Fotos: Dr. A. Bogitzky, außer:
Nicole Schick: S. 121
Debra Bardowicks, debrabardowicks.com, Coverfoto, S. 59 (s. J. Latzke), S. 122
Jürgen Latzke: S. 59 (unter Verwendung eines Fotos von Debra Bardowicks), S. 77
Dr. Ralf Schnelle: S. 46
Doris Zigann: S. 7, S. 88
Maga Goss: S. 104 (beide)
Kynos Verlag (Grafiken): S. 11, 47, 55, 113
Adobe Stock: Vincent Scherer-stock.adobe.com, S. 12; Reddogs-stock.adobe.com, S. 12; malivoja-stock.adobe.com, S. 13 (oben); kozorog-stock.adobe.com, S. 13 (unten), Firn-stock.adobe.com, S. 24, 68; Francesco83-stock.adobe.com, S. 32; dionoanomalia-stock.adobe.com, S. 33; Cosmin Manci-stock.adobe.com, S. 40; demanescale-stock.adobe.com, S. 48; Designincolor-stock.adobe.com, S. 57; trongnguyen-stock.adobe.com, S. 62; navee-stock.adobe.com, S. 64; Надя Ветрова-stock.adobe.com (Nadja Wetrowa), S. 65; Marc Zimmermann-stock.adobe.com, S. 73; evgenius1985-stock.adobe.com, S. 110; AnnaStills-stock.adobe.com, S. 114
Shutterstock: Dream Master/Shutterstock.com, S. 22

Gedruckt in Lettland

ISBN 978-3-95464-235-9

KYNOS STIFTUNG

Mit dem Kauf dieses Buches unterstützen Sie die Kynos Stiftung
Hunde helfen Menschen. www.kynos-stiftung.de

Inhaltsverzeichnis

Vorwort

Liebe Leser/innen,

eigentlich ist es den (allergiebedingt) entzündeten Pfoten unseres West Highland White Terriers Clooney zu verdanken, dass ich mich der Dermatologie und Allergologie bei Kleintieren zugewandt habe. Durch ihn lernte ich rasch, dass Allergien beim Hund einer ganz individuellen Herangehensweise bedürfen, dass es keine „Patentrezepte“ gibt.

In meinen Sprechstunden nehmen Futtermittelallergien und die Durchführung von Eliminationsdiäten einen breiten Raum ein. Dabei erlebe ich immer wieder, wie wichtig eine gute Aufklärung des Patientenbesitzers ist. Denn wie bei kaum einer anderen Erkrankung ist der Hundehalter schon bei der Diagnostik sehr eng mit eingebunden. Bei Futtermittelallergien ist es ja nicht mit einem einfachen „Allergietest“ und der Umstellung auf ein sogenanntes hypoallergenes Futter getan. Der Diagnoseweg, insbesondere die wochenlange Eliminationsdiät ist ohne die Mitwirkung des Hundebesitzers nicht durchführbar. Deshalb bin ich in diesem Buch ausführlich auf den mehrstufigen Diagnoseplan eingegangen. Denn je besser man den Ablauf versteht und die Stolpersteine bei der Durchführung kennt, desto besser stehen die Erfolgsaussichten.

Wenn die Diagnostik auch erst einmal sehr aufwendig erscheint, so lohnt es sich doch, diesen Weg zu gehen und die Möglichkeit einer Futtermittelallergie genau zu überprüfen. Denn sollte sich der Verdacht bestätigten, ist man in der glücklichen Lage, das Allergen zu vermeiden – ganz im Gegensatz zu den Allergien gegen Umweltallergene wie Pollen oder Hausstaubmilben. Dies erspart nicht nur den Einsatz teurer Medikamente, sondern auch dem Hund unnötiges Leid.

Bergheim, im August 2020
Dr. med. vet. Axel Bogitzky

Über den Autor

Dr. Axel Bogitzky studierte an der Ludwig-Maximilians-Universität in München Veterinärmedizin und promovierte im Bereich der Impfstoffentwicklung.

Er widmet sich seit Jahren ausschließlich der Dermatologie und Allergologie bei Kleintieren und ist Mitglied der Deutschen Gesellschaft für Veterinärdermatologie (DGVD).

Er ist Autor von Büchern zur Ersten Hilfe und zum Reisen mit dem Hund (Reisekrankheiten), von Zeitschriftenartikeln zu Gesundheitsthemen rund um den Hund sowie Referent von Vorträgen für Hundehalter zur Ersten Hilfe und Dermatologie.

1. Wie häufig sind Futtermittelallergien?

Hundebesitzer wie auch Tierärzte werden zunehmend mit dem Thema Futtermittelallergien konfrontiert. Allein das ständig wachsende Angebot an Futterprodukten für Allergiker suggeriert schon eine erhebliche Verbreitung dieser Erkrankung. Und dieses Angebot trifft auch auf eine entsprechende Nachfrage. Bei manchen exotischen Produkten wie Känguru oder Insektenprotein kam es sogar schon zu Lieferengpässen.

Natürlich lässt sich kaum abschätzen, wie viele der auf diese Weise versorgten Hunde wirklich Allergiker sind oder wie oft Besitzer es vielleicht nur vorsorglich kaufen. Doch es zeigt, wie groß die Sorge der Hundehalter ist.

Konkrete Angaben zu der Häufigkeit (Prävalenz) von Futtermittelallergien fehlen bisher. Die unterschiedlichen Zahlen in der Literatur lassen sich nur schwer vergleichen. So ist in Studien die zugrundeliegende Diagnostik nicht immer klar ersichtlich oder die untersuchten Hunde stammten aus ganz unterschiedlichen Populationen, wie zum Beispiel aus dem Patientengut dermatologischer Kliniken gegenüber dem nicht spezialisierter Tierarztpraxen.

Laut einer Literaturstudie stand hinter juckenden bzw. allergischen Hauterkrankungen in durchschnittlich 20 % der Fälle eine Futtermittelallergie bzw. -unverträglichkeit.

Es ist also keineswegs übertrieben, bei einer chronisch juckenden Hauterkrankung auch das Futter als Ursache in Betracht zu ziehen.

Die Literaturstudie von 2017[1] hat die Fachliteratur von 1980 an im Hinblick auf die Prävalenz der die Haut betreffenden Futtermittelreaktionen untersucht.
Unter allen Hunden, die Tierärzten vorgestellt wurden, lag die Prävalenz bei 1–2 %,
bei Hunden mit Hautkrankheiten bei 6 % (0–24 %),
bei Hunden mit Juckreiz bei 18 % (9–40 %),
und bei Hunden mit allergischen Hauterkrankungen bei 20 % (8–62 %).

2. Wie äußert sich eine Futtermittelallergie?

Bei der Lebensmittelallergie des Menschen sind heftige Sofortreaktionen mit lebensbedrohlichen Schockzuständen (anaphylaktischer Schock) gefürchtet. Dies führte zu Notfallsets und Warnhinweisen auf vielen Lebensmittelpackungen. Glücklicherweise sind derartige akut lebensbedrohliche Reaktionen bei den Futtermittelallergien des Hundes eher eine Ausnahme.

Trotzdem können auch die Futtermittelallergien beim Hund ernste Konsequenzen haben:

- Mangelerscheinungen durch Verdauungsstörungen sind in der sensiblen Wachstumsphase besonders kritisch, einem Lebensabschnitt, in dem sich Futtermittelallergien aber häufig entwickeln.
- Starkes Jucken als eines der Hauptsymptome allergischer Erkrankungen führt schnell über das Kratzen und Lecken zu Entzündungen, Verletzungen der oberen Hautschichten und je nach Ausdauer und Intensität sogar zu tiefer gehenden Gewebeschäden.
- Dies zieht dann häufig Sekundärinfektionen mit Bakterien und Hefepilzen nach sich. Diese wiederum verschlimmern die Gewebeschäden und provozieren zusätzlichen Juckreiz. In den äußeren Gehörgängen, die häufig von allergischen Erkrankungen betroffen sind, können Sekundärinfektionen zu Schäden am Trommelfell, Mittelohrentzündungen und Verlust des Hörvermögens führen.

Und selbst wenn es erst einmal „nur“ um das Jucken geht: Den Leidensdruck durch ständiges Jucken darf man nicht unterschätzen. Unter quälendem Juckreiz leidet nicht nur das Allgemeinbefinden des Hundes, sondern auch die Lebensqualität der ganzen Familie. Häufig bringen nächtliche Leck- und Kratzepisoden nicht nur den Hund um den Schlaf.

Als Hauptsymptom einer Futtermittelallergie gilt der nichtsaisonale Juckreiz! Nichtsaisonal, da der Hund in der Regel das ganze Jahr hindurch das gleiche Futter bekommt. Die Haut (inklusive der äußeren Gehörgänge) ist das am häufigsten betroffene Organsystem. Die Symptome einer Futtermittelallergie zeigen sich nicht überwiegend im Bereich des Verdauungsapparates, auch wenn dort der unmittelbare Kontakt zu den Allergenen stattfindet.

In der Literatur findet man verschiedene Angaben über den Anteil der Hunde, die bei einer Futtermittelallergie auch Symptome von Verdauungsstörungen zeigen. Mehrere Autoren gehen von lediglich 10 – 15 % aus, aber je nach Studie werden auch mal bis zu 31 % oder sogar noch höher genannt. In diesem Zusammenhang weist eine Literaturstudie auf große Unterschiede hin, je nachdem, ob eine Studie von Internisten oder Dermatologen durchgeführt wurde.

Über Krankheitsanzeichen anderer Organsysteme wurde hingegen nur vereinzelt berichtet.

> Die Futtermittelallergie lässt sich als eine nichtsaisonale Erkrankung beschreiben, die Hautsymptome, vor allem Juckreiz, mit oder ohne Anzeichen von Verdauungsstörungen hervorrufen kann.

Haut

Verteilungsmuster

Jucken und Hautveränderungen können zwar an vielen Hautstellen auftreten, das Jucken durchaus auch generalisiert. Einige Hautbereiche sind jedoch bei Allergien gegen Futter- oder Umweltallergene besonders betroffen. Hierzu zählen:

- Kopf (Ohren, Maulbereich, Augenumgebung),
- Pfoten,
- Achseln,
- Bauch,
- Leisten- und Perianalbereich*.

In einer Studie[2] an 51 futtermittelallergischen Hunden wurde die Verteilung wie folgt beschrieben:

- Ohren 80 %,
- Pfoten 61 %,
- Leistenbereich 53 %,
- Achseln, Vorderseiten der Vorderbeine, Maulbereich, Augenumgebung 31 – 37 %.

Bei 24 % der Hunde waren ausschließlich die Ohren betroffen.

* Afterbereich, um den Anus herum

Verteilungsmuster der Hautveränderungen bei Futtermittelallergien (aber ebenso bei Allergien gegen Umweltallergene)

Neben diesen typischen Stellen scheint es aber noch individuelle und rassespezifische Besonderheiten zu geben. So wird zum Beispiel beim West Highland White Terrier auch der Kruppenbereich dazu gerechnet, eine Region, die allgemein eher bei Flohstichen betroffen ist.

Dieses Verteilungsmuster ist zwar hilfreich, aber nicht pathognomonisch, d.h. es reicht als einziges Diagnosekriterium nicht aus. Zum einen muss es, gerade zu Beginn der Allergie, nicht vollständig ausgeprägt sein, so dass noch andere Erkrankungen infrage kämen. Chronische Ohrenentzündungen können durchaus das einzige Symptom einer Futtermittelallergie sein, sind aber ebenso gut bei der Unterfunktion der Schilddrüse zu beobachten.

Und zum anderen lässt sich selbst bei einer vollständigeren Ausbildung keine Unterscheidung zwischen Futtermittel- und Umweltallergie treffen. Die klinischen Symptome gleichen sich bei diesen beiden Erkrankungen nicht nur hinsichtlich der Lokalisation, sondern auch in der Art und Ausprägung der Hautveränderungen.

Und diese zeigen eine große Variationsbreite, nicht nur zwischen betroffenen Hunden, sondern auch im Verlauf der Erkrankung beim einzelnen Tier. So kann es mit geringgradigem Jucken und lediglich leichten Rötungen an wenigen Hautbereichen beginnen, sich aber im Verlauf von Allergieschub zu Allergieschub steigern. Selbst ein Wechsel zwischen verschiedenen Stellen ist möglich.

Jucken (Pruritus)

Die Begriffe Juckreiz und Jucken werden oft synonym für eine unangenehme Sinneswahrnehmung verwendet, die eine Abwehrreaktion z. B. in Form des Kratzens provoziert*. Kurzfristig ist dies ein erwünschter Warn- und Abwehrmechanismus, der einer raschen Entfernung von Fliegen, Mücken und ganz generell von Hautparasiten dient. Chronischer Juckreiz mündet hingegen meist in einem Teufelskreis aus Jucken und Kratzen. Das Kratzen ist willentlich nur schwer zu unterdrücken und geschieht oft ganz unwillkürlich. Dies lässt sich an den ungerichteten Kratzbewegungen (oder auch „Klopfen") des Hinterbeins beobachten, wenn man eine juckende Hautstelle in einem anderen Körperbereich des Hundes reibt.

* siehe dazu auch Glossar

Das Lecken kann sehr hektisch oder aber auch ruhig und ausdauernd geschehen.

Gleiches trifft auch auf das Kratzen zu. Es geht also nicht um das gelegentliche kurze Kratzen, das sich bei jedem Hund beobachten lässt.

Manche Hunde empfinden ein so starkes Jucken, dass sie sich die Haare ausreißen oder hemmungslos in die juckende Körperstelle beißen.

Beim Menschen zeigt sich dies als Kratzen während des Schlafes.

In einer Literaturstudie[3], die über 800 Hunde einschloss, wurde von 50 % generalisiertem Pruritus berichtet. Darüber hinaus stellten die Ohren, die Pfoten und der Bauch die am häufigsten von Juckreiz betroffenen Hautregionen dar.

Bei den Allergien gegen Futtermittel oder Umweltallergene kann der Juckreiz anfangs das einzig offensichtliche Symptom sein. Der Hund empfindet Juckreiz, obwohl die entsprechenden Hautareale erst einmal völlig unverändert aussehen. Dieses Phänomen wird auch als „pruritus sine materia" bezeichnet. So manchem Hund wurde deswegen schon eine Neurose oder Marotte unterstellt.

Aber natürlich bleibt so ein „pruritus sine materia" durch das Lecken, Schubbern und Kratzen der Hunde nicht lange ohne Folgen für die Haut.

Juckende Pfoten scheinen oft ein besonders ausdauerndes Lecken zu provozieren.

Hautveränderungen

Die Hautveränderungen bei Allergien sind so unspezifisch, dass sie allein keinen direkten Rückschluss auf die zugrundeliegende Ursache erlauben. In Verbindung mit dem Verteilungsmuster kann sich jedoch der Verdacht auf eine allergische Genese verstärken. Typisch ist allerdings, dass es dabei nicht um einmalige, sondern chronisch rezidivierende Vorgänge handelt. Sie treten immer wieder auf, weil ihnen eben eine chronische Erkrankung zugrunde liegt.

Primäre Hautveränderungen

Primäre Hautveränderungen beruhen allein auf den durch die Allergie ausgelösten Vorgängen. Die dabei ablaufenden entzündlichen Prozesse verursachen die so häufig zu beobachtenden Hautrötungen (Erytheme). Auch einzelne rote Knötchen (Papeln) können sich zeigen. Seltener auftretend und recht schnell im Sinne einer Sofortreaktion verlaufend ist die Bildung der Nesselsucht (Urtikaria), einer multiplen Quaddelbildung oder die eines Angioödems, einer großflächigen Schwellung vorzugsweise im Kopfbereich.

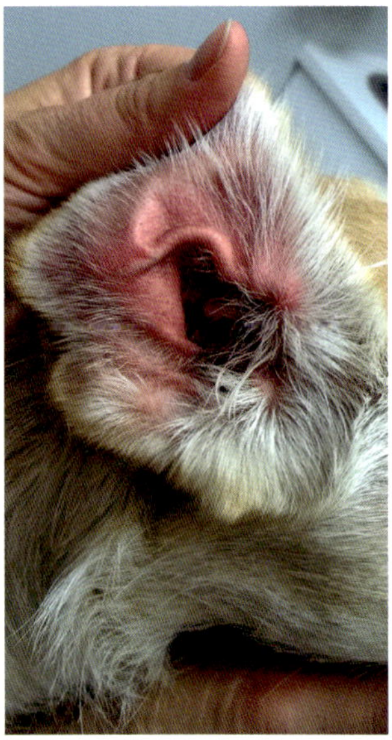

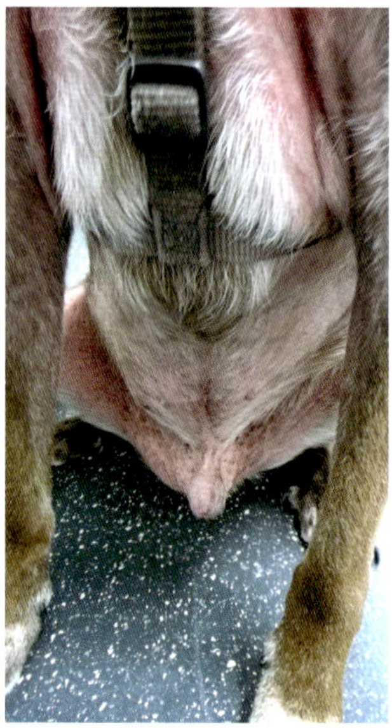

Sekundäre Hautveränderungen

Diese Hautveränderungen sind das Resultat von Selbstverletzungen oder Sekundärinfektionen. Durch sie wird das ursprüngliche Bild der primären Hautveränderungen überdeckt. Je nach Ausdauer und Intensität des Kratzens und Leckens reicht das Spektrum der Hautverletzungen von einfachem Wundlecken bis hin zu tiefen, blutenden Hautwunden. Hier ist es manchmal notwendig, den Hund zumindest kurzfristig, bis andere therapeutische Maßnahmen greifen, mit einem Body, Pfotenschutz oder sogar Halskragen an weiteren Selbstverletzungen zu hindern.

Der vielzitierte „Hotspot" ist ein Beispiel dafür, wie sich Hunde in kürzester Zeit massive Hautschäden zufügen können. Die Bezeichnung „pyotraumatische Dermatitis" fasst die Vorgänge gut zusammen. Am Anfang steht ein starker Juckreiz, der die Hunde zum

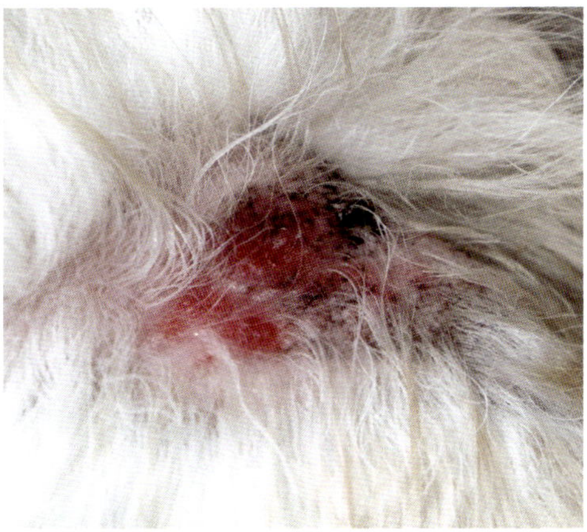

Hotspot im Anfangsstadium

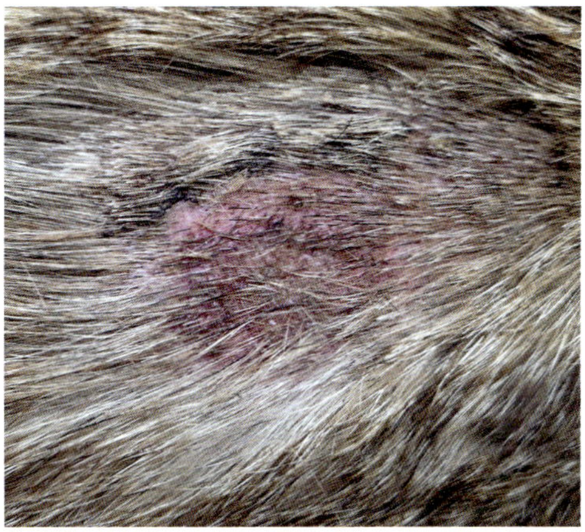

Hotspot auf der Flanke eines Deutschen Schäferhundes, vom Besitzer freigeschnitten und anbehandelt

intensiven Lecken und Beißen verleitet. Insbesondere bei hohen Außentemperaturen, einem dichten Haarkleid, das evtl. noch feucht vom Schwimmen ist, kommt es dann zu einer explosionsartigen Vermehrung von Bakterien, einer eitrigen Hautentzündung (Pyodermie). Sind Flohstiche der Auslöser, findet man Hotspots vor allem im Bereich der hinteren Körperhälfte. Typisch ist der fulminante Verlauf. In kürzester Zeit entstehen stark gerötete, nässende Wunden. Eine wichtige Sofortmaßnahme besteht darin, den Hund umgehend daran zu hindern, die juckende Stelle weiter zu „bearbeiten".

Weniger rasant verlaufen die gewöhnlich auftretenden oberflächlichen Pyodermien. Diese präsentieren sich meist als multiple Entzündungsherde, bilden erst kleine Pusteln (Blasen), aus denen dann unterschiedlich große Schuppenkränze (Collaretten) werden. Obwohl kreisrund und am Rande schuppig, sind sie bakteriell bedingt und haben nichts mit Hautpilzen zu tun. Neben diesem klassischen Bild der Schuppenkränze findet man auch verstreut liegende, verkrustete Infektionsherde von unterschiedlicher Form und Größe.

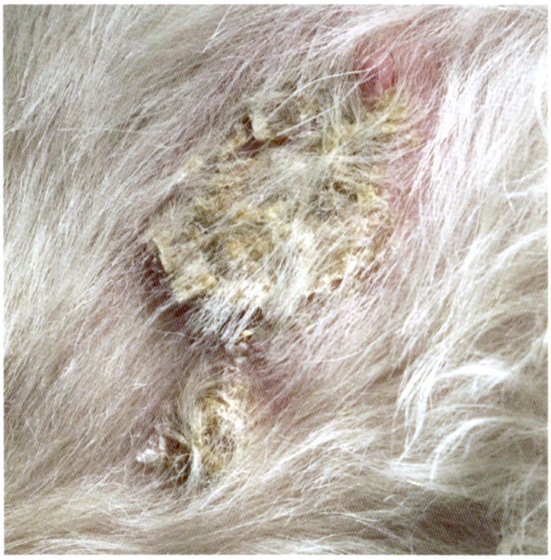

Krustenbildung infolge einer oberflächlichen eitrigen Hautentzündung

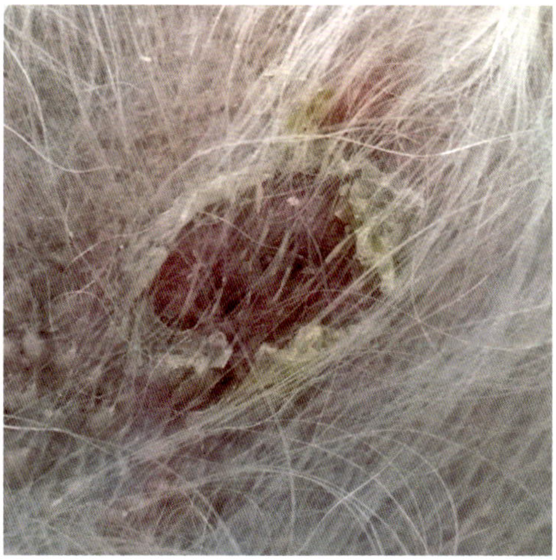

Bakteriell bedingter Schuppenkranz (Collarette)

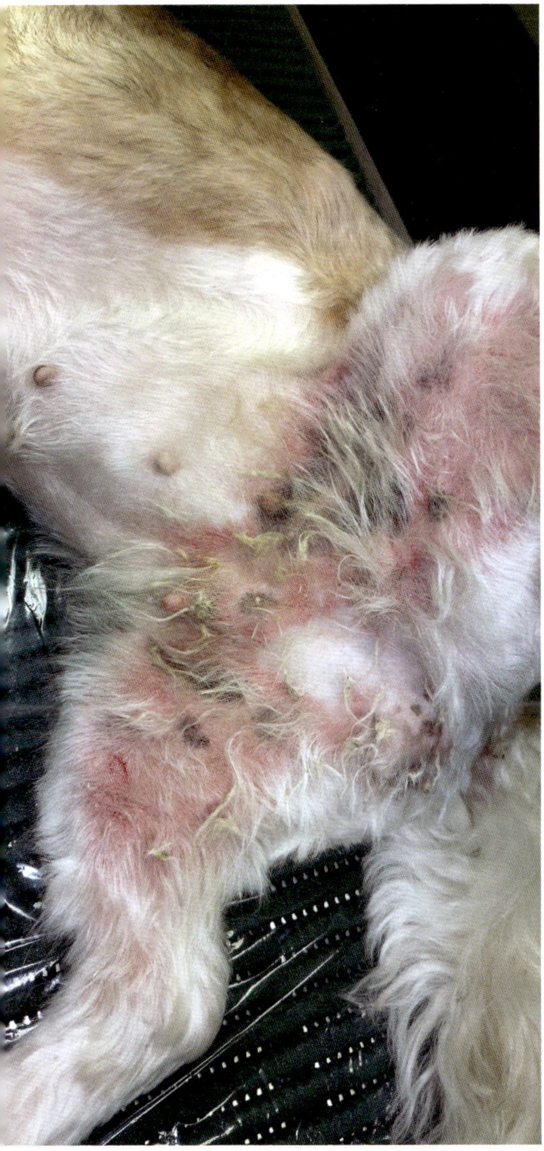

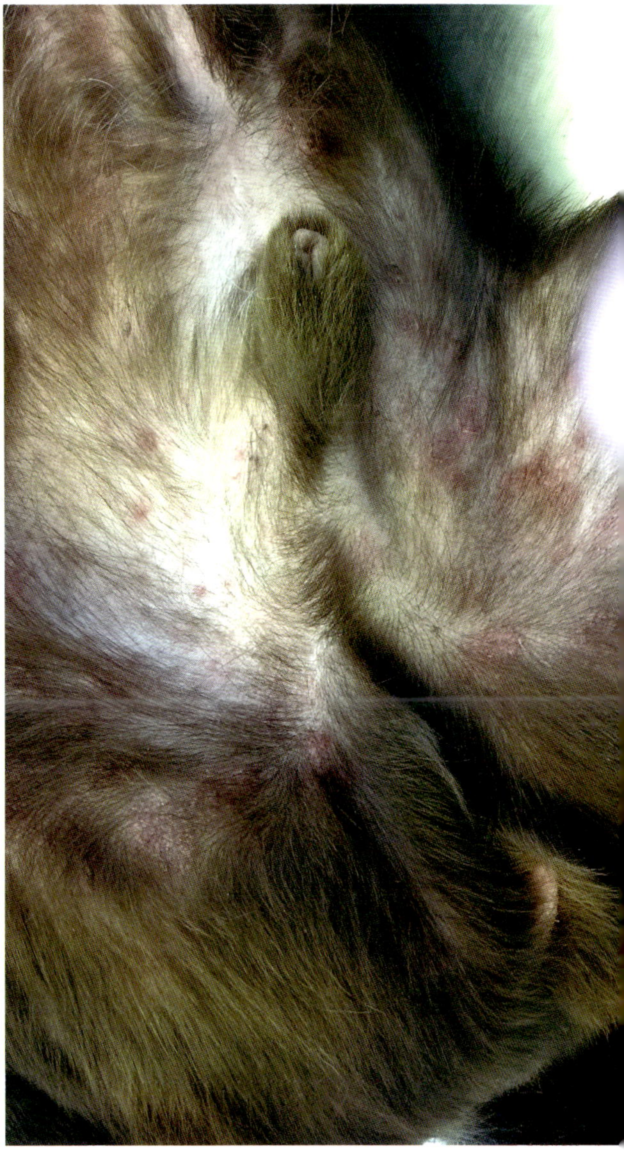

Ausgeprägte Entzündungsreaktion im Bereich der Innenschenkel mit einzelnen bakteriellen Infektionsherden

Verstreut liegende bakterielle Infektionsherde (z. T. als Collaretten) auf Bauch und Innenschenkeln

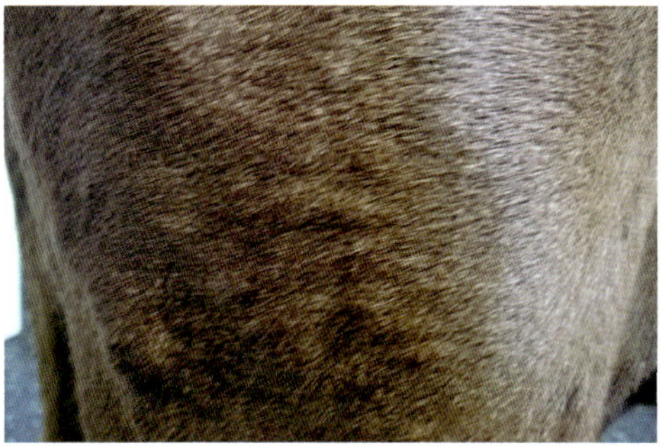

„Reibeisenoberfläche" durch das Hochstehen einzelner Haarbüschel infolge von Haarfollikelentzündungen bei einem Rhodesian Ridgeback

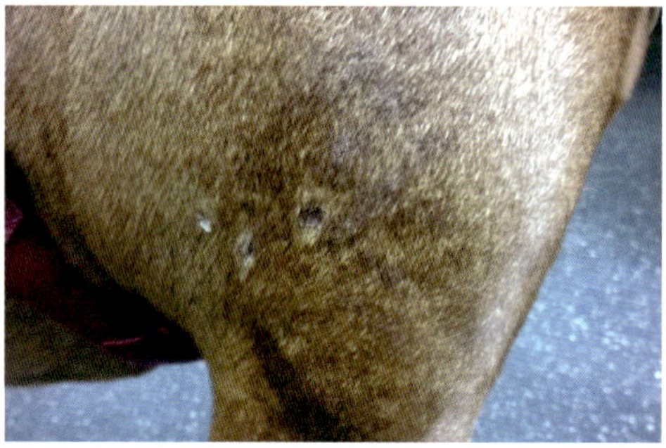

„Mottenfraß-Eindruck" bei Verlust einzelner Haarbüschel infolge der Follikelentzündungen

Entzündungen einzelner Haarfollikel machen sich insbesondere bei kurzhaarigen Hunden durch hochstehende Haarbüschel bemerkbar, die bei seitlicher Ansicht einen gewissen „Reibeisen-Eindruck" vermitteln. Bei Verlust der Haarbüschel spricht man auch von einer sogenannten Mottenfraß-Alopezie (Haarverlust).

Wenn Erreger einer oberflächlichen Pyodermie tiefer ins Gewebe gelangen, kann es durch eine sich rasch ausbreitende Entzündung der Unterhaut zu umfangreichen Schwellungen kommen. Solche gefährlichen tiefen Pyodermien bedürfen immer einer sofortigen intensiven Therapie.

Anhaltende Selbstverletzungen und chronisch rezidivierende Infektionen haben weitergehende Hautveränderung zur Folge. Haarverluste (Alopezien)

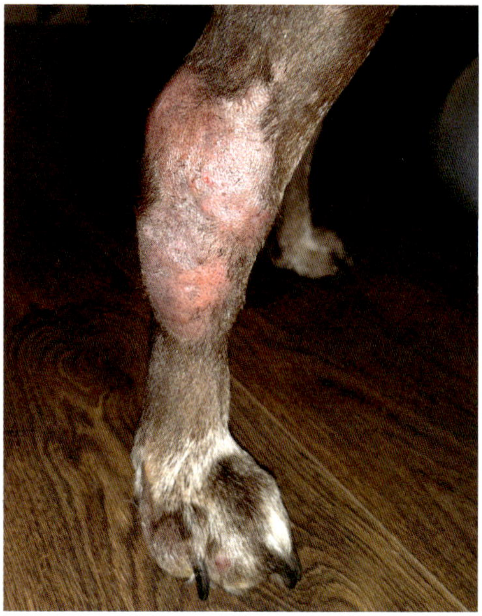

Tiefe Hautinfektion im Bereich des Sprunggelenks einer älteren Labradorhündin

Chronische Entzündungen und Infektionen der Haut führten zur sogenannten „Elefantenhaut" im Nacken dieses Cairn Terriers.

können lange und bei tiefgreifenden Gewebeschäden auch dauerhaft bestehen bleiben. Die Haut verdickt sich als Reaktion auf die fortwehrenden Reizungen. Hiermit sind nicht nur die mechanischen Einwirkungen gemeint, auch die Prozesse der allergischen Entzündung fördern diese Hautveränderung. Man spricht bei solch einer lederartigen Verdickung von Lichenifikation oder „Elefantenhaut". Eine weitere typische Reaktion auf länger bestehende Entzündungen ist die Hyperpigmentierung der entsprechenden Hautareale. In die Haut lagert sich vermehrt Melanin ein, das erst längere Zeit nach der Abheilung wieder abgebaut wird. Chronische Infektionen mit Malassezien (Hefepilze) führen häufig zu ausgedehnten Schwarzfärbungen der betroffenen Hautareale.

Bei dieser futtermittelallergischen West Highland White Terrier Hündin führte eine chronische Malassezieninfektion der Haut zu der ausgedehnten Hyperpigmentation und Lichenifikation.

Einzelne Körperregionen

Maulbereich, Lefze und Kinn

Diese Bereiche sind bei der Futteraufnahme die ersten Hautstellen, die mit potenziellen Futterallergenen in Kontakt kommen. Dieser fällt besonders intensiv aus, wenn die Allergene in Kauartikeln enthalten sind. Rötungen und Juckreiz sind die Folge. Diese Veränderungen sind aber auch infolge einer Kontaktallergie gegen Bestandteile von Metall- oder Plastiknäpfen möglich.

Entzündungen im Kinnbereich können insbesondere bei kurzhaarigen Rassen zu weitergehenden Problemen führen. Wenn das juckende Kinn intensiv geschubbert wird, kann es passieren, dass die kurzen Haare durch die Haarfollikelwand ins tiefere Gewebe gedrückt werden. Da Haare außerhalb des Haarfollikels vom Körper als Fremdkörper eingestuft werden, entstehen tiefliegende Entzündungsherde, aus denen über Fistelkanäle eitriges Sekret abfließt.

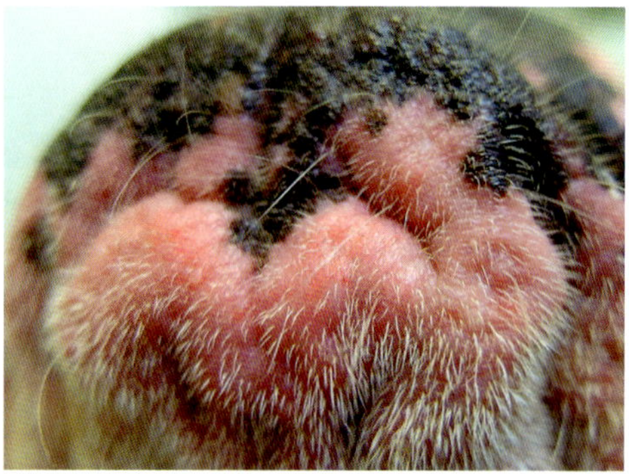

Kinn einer Englischen Bulldogge

Das beim Menschen bekannte orale* Allergiesyndrom, oder auch „burning mouth syndrome", gehört ebenfalls zu den ersten Reaktionen auf den Kontakt mit Futterallergenen. Es führt zu Brennen, Jucken, Missempfindungen und Schwellungen in der Mund- und Rachenschleimhaut. Ähnliches wurde bei einem Hund als Reaktion auf Tomaten beschrieben.

Augen

Juckreiz um die Augen herum führt zu Schubbern und Kratzen. Insbesondere bei Letzterem besteht immer die Gefahr von Verletzungen an der empfindlichen Hornhaut. Deshalb ist in solchen Fällen eine gute Juckreizbehandlung besonders wichtig. Insbesondere bei Junghunden können haarlose Augenringe nicht nur durch das juckreizbedingte Schubbern infolge einer Allergie, sondern auch durch einen Befall mit Haarbalgmilben (Demodex canis) hervorgerufen werden. Bei dieser Milbenerkrankung kommt es aber zuerst zu einem Haarverlust und dann zu Juckreiz, während es bei allergischer Ursache umgekehrt verläuft. In Zweifelsfällen lassen sich die Milben mit einem Hautgeschabsel (s. S. 80) ausschließen. Vereinzelt wurde auch von

* den Mundraum betreffend

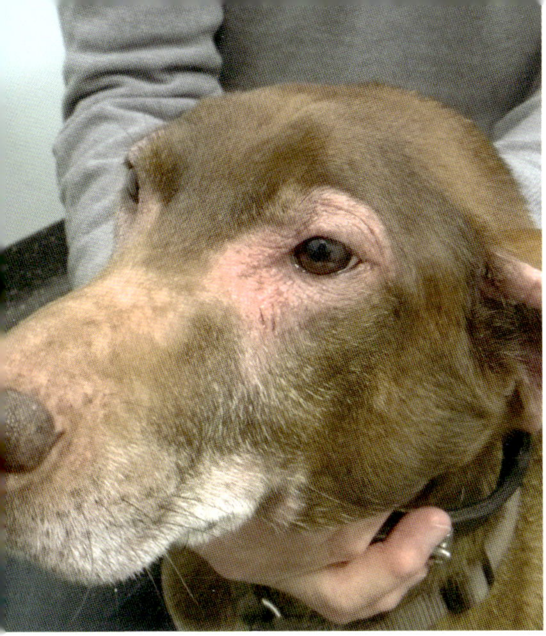

Bei Nelson führte das juckreizbedingte Reiben des Kopfes zu haarlosen Augenringen.

In diesem Fall waren durch das ständige Schubbern eher die Gesichtsfalten betroffen.

Bindehaut- und Lidrandentzündungen (Blepharitis) im Zusammenhang mit Futtermittelallergien berichtet.

Ohren

Die äußeren Gehörgänge sind sehr häufig von allergischen Erkrankungen betroffen, in Verbindung mit anderen Hautregionen, aber durchaus auch allein. Es kann sogar nur eine Seite treffen. Studien beschreiben bis zu 80 % Ohrenbeteiligungen, und in der bereits erwähnten Studie[2] an den 51 allergischen Hunden waren Ohrenentzündungen bei 24 % der Tiere das einzige Symptom der Futtermittelallergie.

Infektionen mit Hefepilzen und Bakterien sind in der Regel nicht der

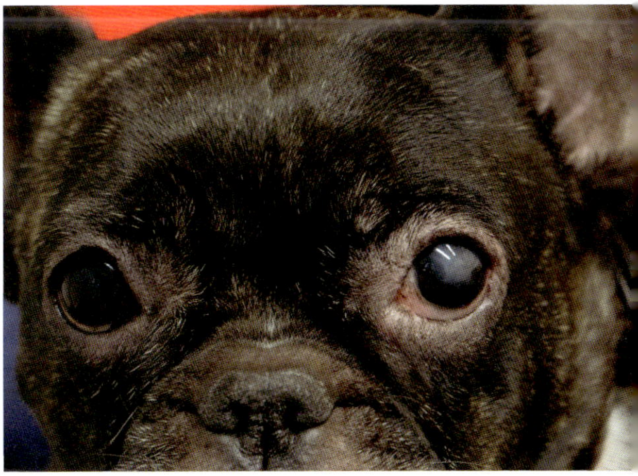

Das Schubbern und Kratzen führte bei dieser Französischen Bulldogge zur Verletzung und Eintrübung der Hornhaut des linken Auges.

primäre Grund solch chronischer Ohrenentzündungen. Als Sekundärinfektionen können sie sich nur aufgrund eines durch primäre Grunderkrankungen gestörten Milieus im Gehörgang ausbreiten. Zu diesen Grunderkrankungen gehören die Allergien gegen Futter- oder Umweltallergene. Sie zählen sogar zu den Hauptverursachern chronischer Entzündungen der äußeren Gehörgänge (Otitis externa). Die so oft verdächtigten Schlappohren werden lediglich als prädisponierende Faktoren eingestuft. Sie mögen zwar, wie auch die starke Behaarung einiger Rassen, die Belüftung der Gehörgänge beeinträchtigen. Trotzdem sind sie nicht die Ursache der chronischen Otitiden. Hunderassen mit Schlappohren sind nicht generell von solchen Ohrenproblemen betroffen.

Veränderungen der äußeren Gehörgänge zählen zu den dermatologischen Auswirkungen von Allergien. Da der

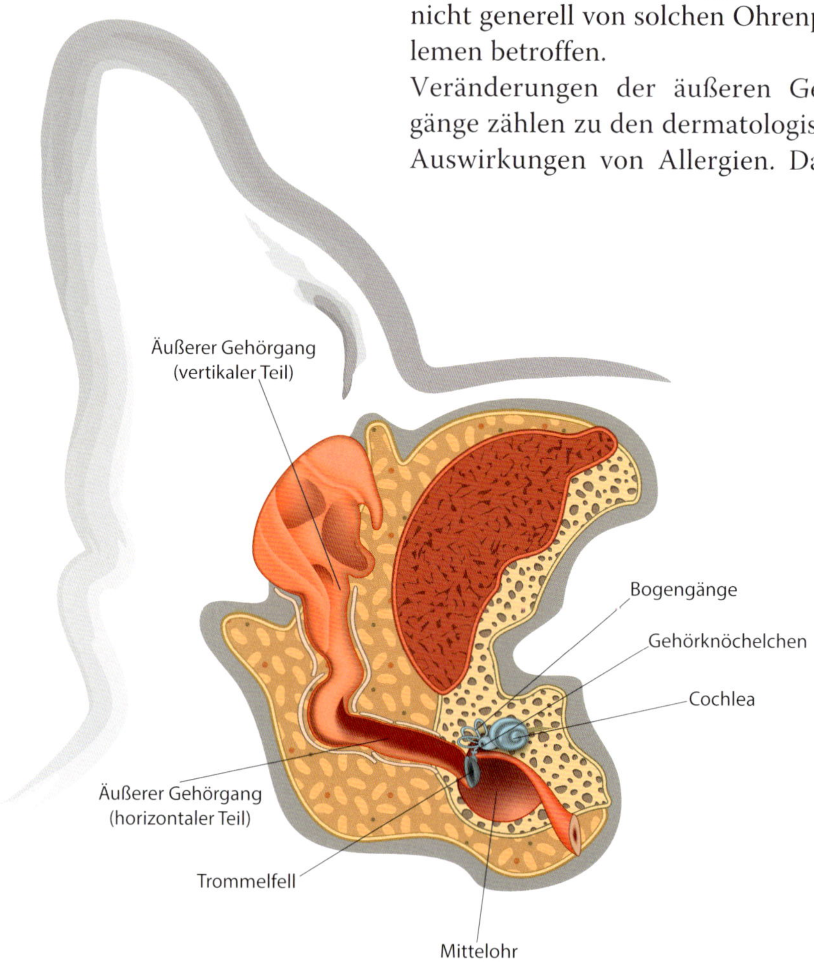

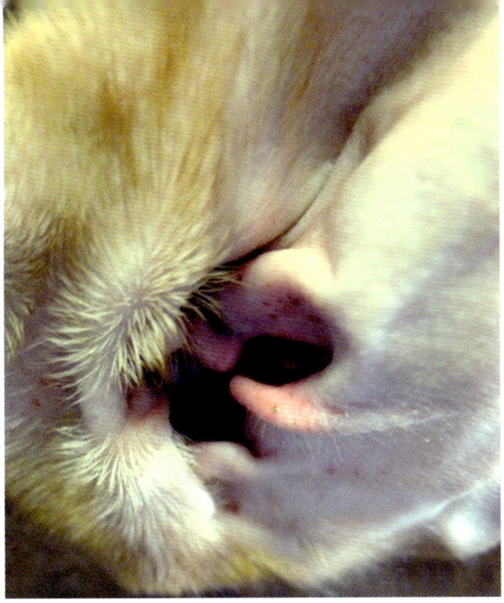

Leichte Rötung, die sich im Gehörgang fortsetzte

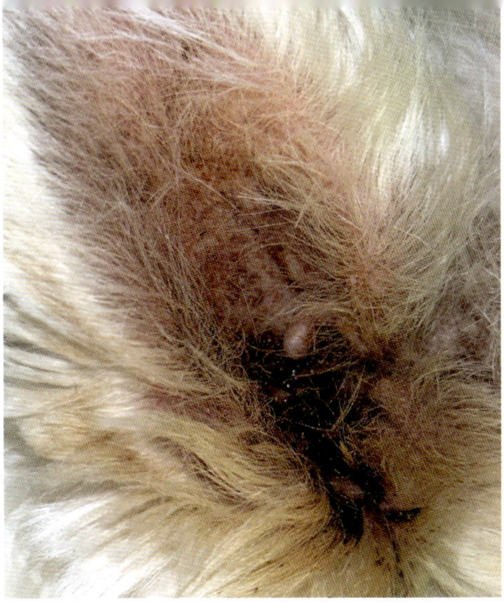

Ansammlung eines zähen, schwarzen Ohrenschmalzes infolge einer Hefepilzinfektion

Aufbau der Haut in den äußeren Gehörgängen dem der äußeren Haut ähnelt, lassen sich dort vergleichbare Vorgänge wie schon allgemein beschrieben beobachten. Wenngleich natürlich ein Otoskop vonnöten ist, um das Innere des Gehörgangs einsehbar zu machen. Videootoskope erlauben die Darstellung auf einem Monitor, so dass sich auch der Hundebesitzer ein Bild von den Veränderungen machen kann. Ansonsten ist man als Hundehalter erst einmal auf äußere Anzeichen angewiesen.

Als erstes fallen gerötete Ohrmuscheln und Ansammlungen von Ohrenschmalz (Cerumen) an den Gehörgangsöffnungen auf. Solche Ansammlungen werden häufig vom Besitzer nicht als krankhaft eingeschätzt. Sie weisen

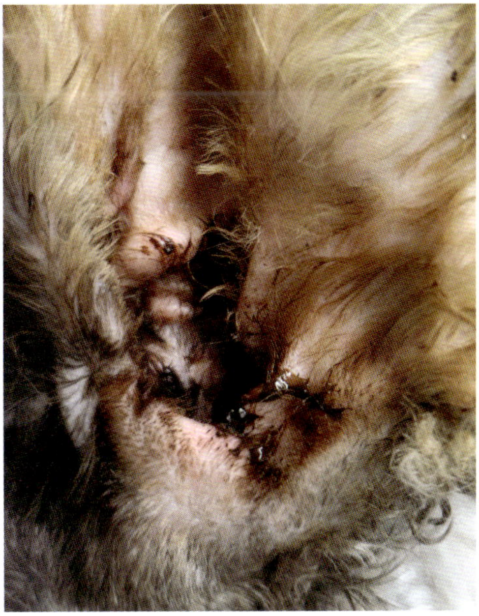

Schleimiges Sekret infolge einer bakteriellen Gehörgangsinfektion

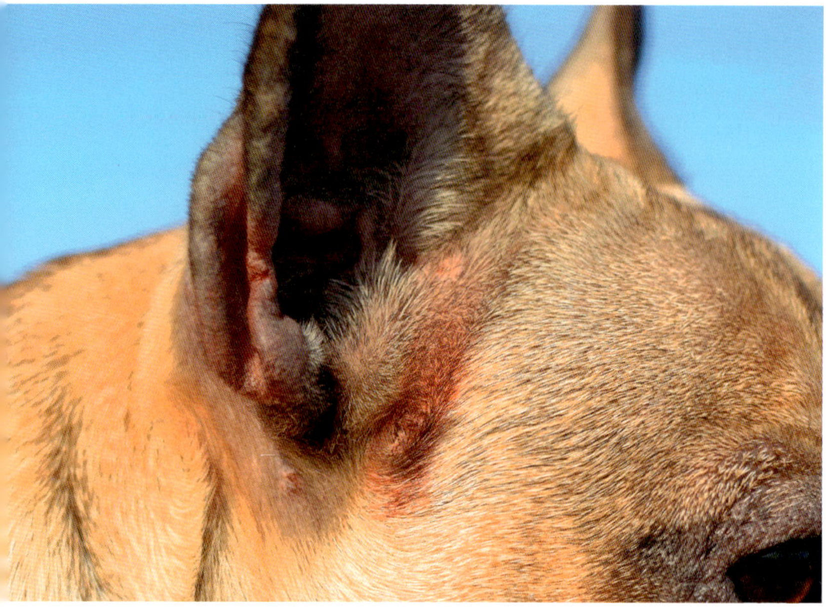

Eine solch blutig gekratzte Ohrmuschel ist ein Hinweis auf akuten Juckreiz im Ohrenbereich.

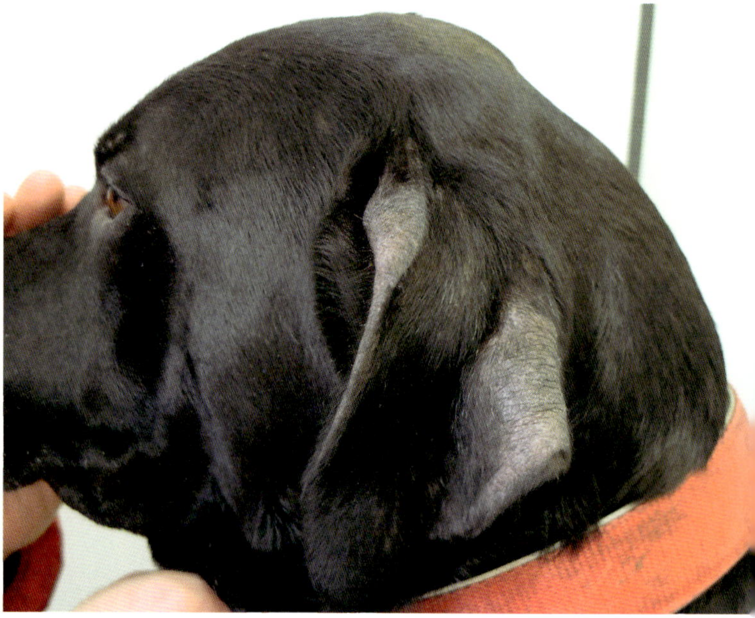

Die kahl gekratzte Ohrmuschel zeugt noch von einer abgeheilten Gehörgangs- entzündung.

aber, auch ohne begleitenden Juckreiz, schon auf eine Störung hin. Der gesunde Gehörgang verfügt über einen Selbstreinigungsmechanismus, der Ohrenschmalz und abgeschilferte Zellen kontinuierlich hinausbefördert. Dies verhindert die Ansammlung von Ohrenschmalz. Ständige Ansammlung von Ohrenschmalz und chronisch rezidivierende Ohrenentzündungen geben Anlass, neben der Behandlung der akuten Beschwerden auch nach der zugrundeliegenden Ursache zu suchen.

Als Reaktion auf Juckreiz in den Gehörgängen schubbern die Hunde ihren Kopf, schütteln die Ohren und kratzen mit den Hinterpfoten. Das Kratzen führt zu Haarverlust und Verletzungen an den Ohrmuscheln, das Ohrenschütteln bei Anschlagen an Gegenständen zu hartnäckigen Blutungen oder auch Blutergüssen (Othämatome).

Während diese Verletzungen an den Ohrmuscheln vorwiegend durch die Selbstverletzung entstehen, sind die Veränderungen im Inneren des Gehörgangs der zugrundeliegenden Erkrankung geschuldet. Rötungen und Juckreiz machen den Anfang. In fortgeschrittenen Stadien enthüllt die otoskopische Untersuchung Schwellungen, Ansammlungen von schwarzem, zähen Ohrenschmalz oder auch übelriechenden Schleims. Allein hierdurch wird das Hörvermögen oft schon deutlich eingeschränkt.

Schmerzen und ein gestörtes Allgemeinbefinden des Hundes resultieren aus starken Entzündungen und Sekundärinfektionen. Bei einer Schädigung des Trommelfells sind aufsteigende Mittelohrentzündungen zu befürchten. Eine Kopfschiefhaltung kann in diesem Zusammenhang ein wichtiges Warnsignal sein.

Als Folge der chronischen rezidivierenden Entzündungsvorgänge sind umfangreiche Gewebezubildungen (Hyperplasien) möglich, die die Gehörgänge immer weiter verengen und einer lokalen Therapie letztendlich entziehen.

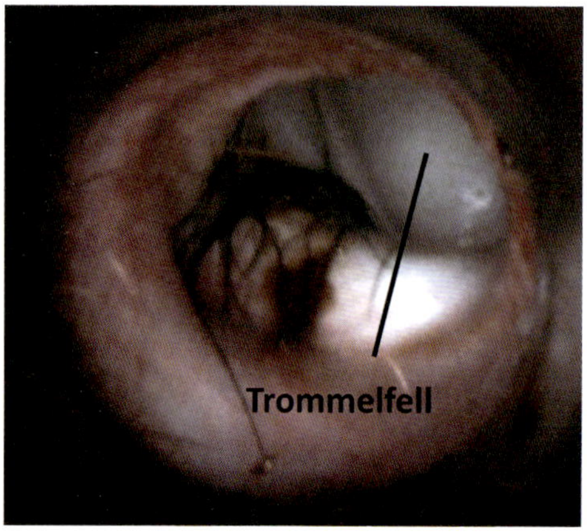

Otoskopisches Bild vom horizontalen (tiefen) Abschnitt eines gesunden äußeren Gehörgangs, mit einigen Haaren links unten vor dem Trommelfell

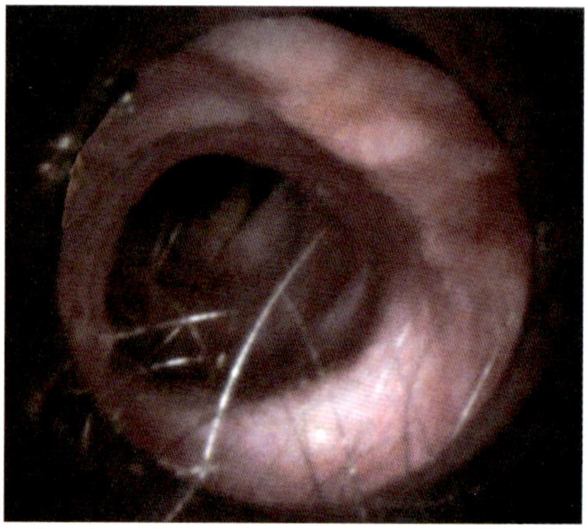

Otoskopisches Bild des Eingangs (vertikaler Abschnitt) eines gesunden äußeren Gehörgangs

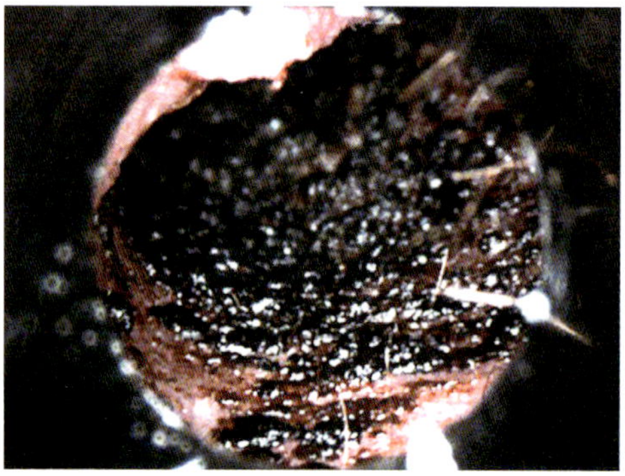

Otoskopisches Bild vom vertikalen Teil eines äußeren Gehörgangs: Schwarzer, zäher Ohrenschmalz, der wie ein Teerbelag die Gehörgangshaut eines Hundes mit chronischer Hefepilzinfektion bedeckt

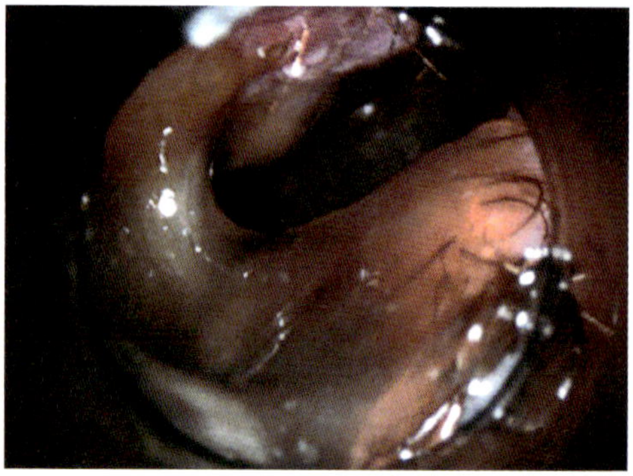

Otoskopisches Bild vom vertikalen Teil eines äußeren Gehörgangs: Übelriechender Schleim bei einem Hund mit einer bakteriellen Infektion (Pseudomonas aeruginosa)

Pfoten

Die Pfoten sind die mit am häufigsten betroffene Körperregion. Die Verteilung von Juckreiz und Entzündung ist sehr variabel. Bei manchen Hunden reagieren alle Pfoten, bei anderen nur die Vorder- oder Hinterpfoten. Es gibt auch Unterschiede, ob eher die Ober- oder die Unterseite betroffen ist. Solche Pododermatitiden (Hautentzündungen an den Pfoten) beginnen meist erst einmal mit Juckreiz und Rötungen.

Das häufig sehr ausdauernde Lecken und Knabbern führt aber schnell zu Haarverlust an den Pfotenoberseiten, Schwellungen in den Zehenzwischenräumen und zwischen den Pfotenballen.

Manche Hunde ziehen sich zurück oder nutzen geschickt unbeobachtete Momente aus, um die Pfoten intensiv zu „bearbeiten". Insbesondere bei heller Fellfarbe verraten sie aber die durch den Speichel rötlich gefärbten Haare.

Eine besondere Form der Pododermatitis stellen die Zwischenzehen-Pyogranulome dar. Von diesen knotenförmigen, eitergefüllten Umfangsvermehrungen im Bereich der Zwischenzehenhaut sind die vorderen Pfoten häufiger als die hinteren betroffen. Pyogranulome sind häufig

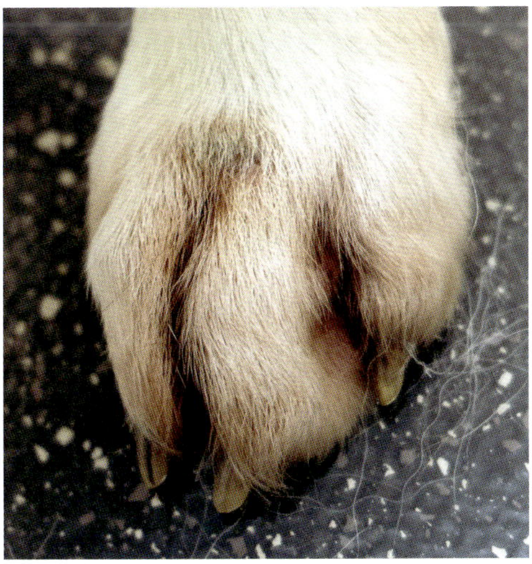

Diese Pfote lässt schon die Entzündungen im Zwischenzehenbereich erahnen.

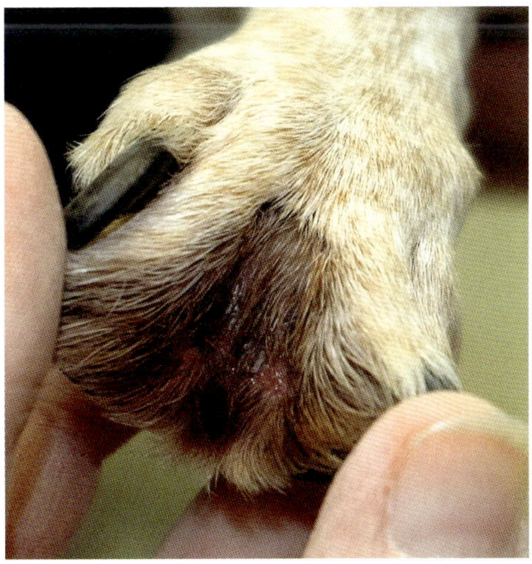

Oft enthüllt erst die genaue Untersuchung der Zehenzwischenräume solch nässende Entzündungen.

Ausdruck einer Fremdkörperreaktion auf freiliegende Haare im tieferen Gewebe. Haare außerhalb der Haarfollikel werden vom Körper als Fremdkörper eingestuft. Die Haare und der Follikelinhalt können auf verschiedene Weise ins tiefere Gewebe gelangen. Bei starker Ausprägung der Pododermatitis führen schon die damit verbundenen Entzündungsvorgänge zur Zerstörung der Haarfollikel. Manche Hunde lecken sich wegen des Juckreizes die Haare selbst in die Haut hinein (s. Bild rechts unten). Bei chronischen Prozessen kann es zu einer Hyperplasie der Haut zwischen den Ballen kommen. So laufen die Hunde dann zum Teil auch auf den behaarten Hautarealen. Besonders bei kurzhaarigen Rassen können diese so ins Gewebe gedrückt werden. Aufgrund des Drucks von unten finden sie dann den Weg nach oben durch die Zwischenzehenhaut. Dies kommt natürlich bei schweren, kurzhaarigen Rassen mit viel Last auf den Vordergliedmaßen und starker Pfotenspreizung besonders zum Tragen. Auch Gliedmaßenfehlstellungen fördern eine ungleichmäßige Belastung der Pfoten. Zu der Entstehung der Zwischenzehengranulome können dementsprechend verschiedene Faktoren beitragen, die

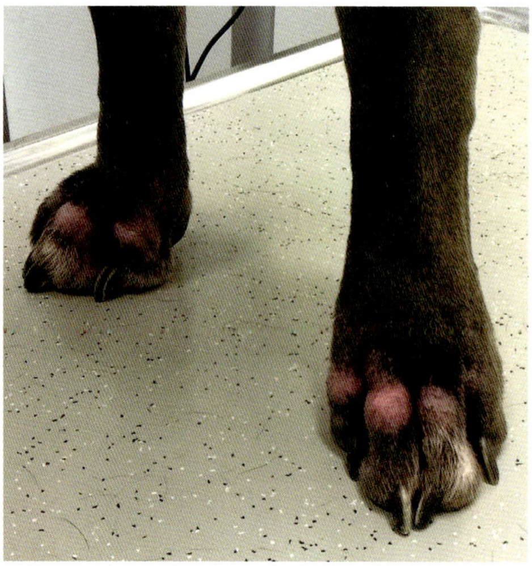

Wundgeleckte Pfoten

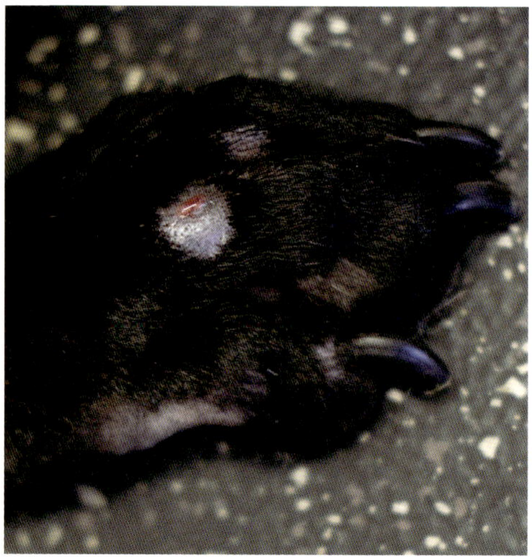

Fistelnde Entzündung durch tief ins Gewebe geleckte Haare

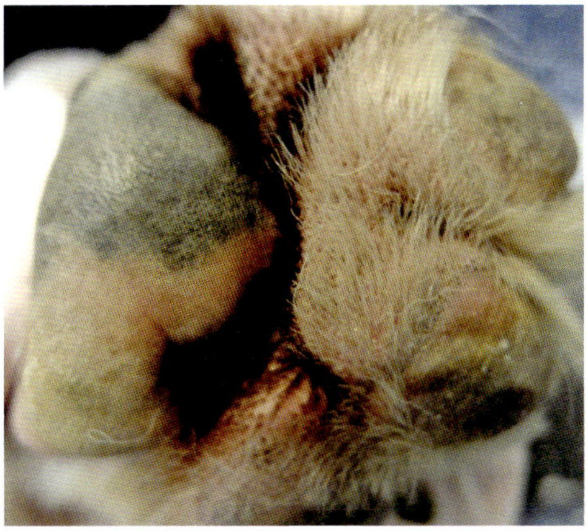

Diese Englische Bulldogge läuft nicht mehr nur auf den Ballen, sondern auch auf den behaarten Hautbereichen.

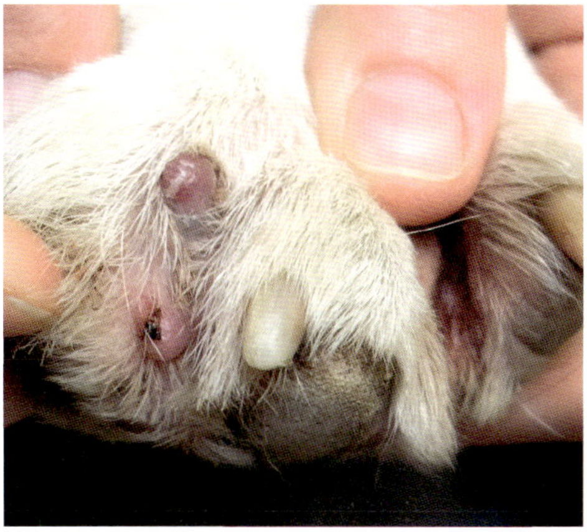

Bei dieser Englischen Bulldogge sind ältere Granulome im Zwischenzehenbereich zu sehen.

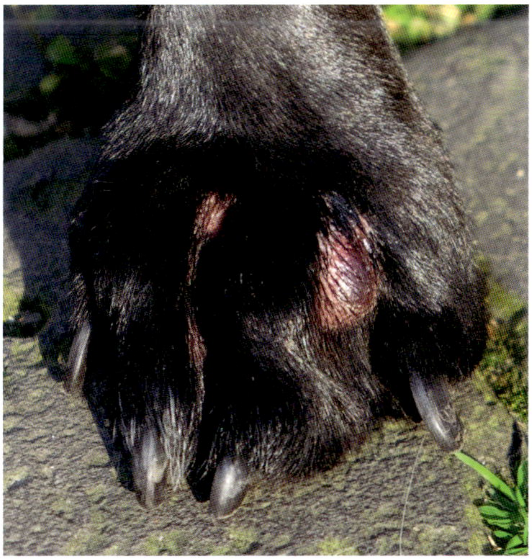

Ein akuter Allergieschub führte zu Schwellungen und einer blutig-serös gefüllten Blase im Zehenzwischenraum.

es bei der Untersuchung und Beurteilung zu berücksichtigen gilt. Insgesamt zeigen die Pyogranulome eine sehr schlechte Heilungstendenz.

Hunde mit ausgeprägten Krallenbettentzündungen laufen oft sehr ungern, da jede Bewegung der Krallen in den entzündeten Krallenbetten schmerzt. Neben bakteriellen Infektionen können auch Hefepilzbesiedlungen der Krallenfalzen zum Problem werden. Sie scheinen oft mit einem intensiven Juckreiz verbunden zu sein. Braune Auflagerungen wie auch die bei hellen Krallen zu beobachtende Braunfärbung des Krallenhorns können ein Hinweis auf eine Beteiligung von Hefepilzen (Malassezien) sein.

Ein spezielles Krankheitsbild der Krallen stellt die „symmetrische lupoide Onychodystrophie“ (SLO) dar. Sie führt zu einer Zerstörung und dem Verlust der Krallen. In der akuten, sehr schmerzhaften Phase ist das Entfernen der Krallen unter Narkose häufig nicht zu umgehen. Hinsichtlich der Ursachen sind noch einige Fragen offen. Es scheinen verschiedene Auslöser zu diesem klinischen Bild führen zu können. Bei einigen Hunden konnte die Beteiligung des Futters über Eliminationsdiäten nachgewiesen werden.

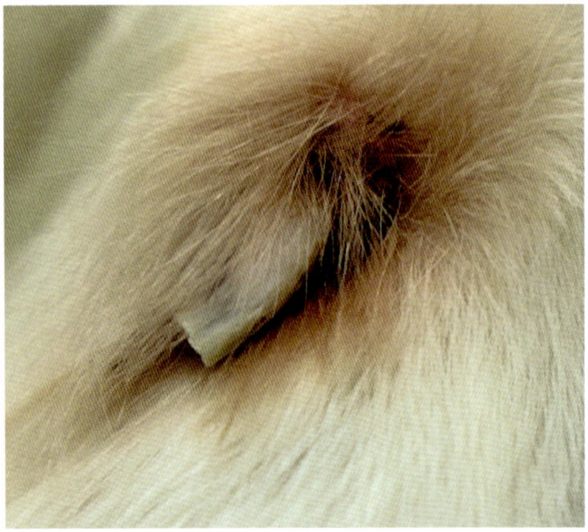

Hier liegt eine Krallenbettentzündung an der Daumenkralle vor.

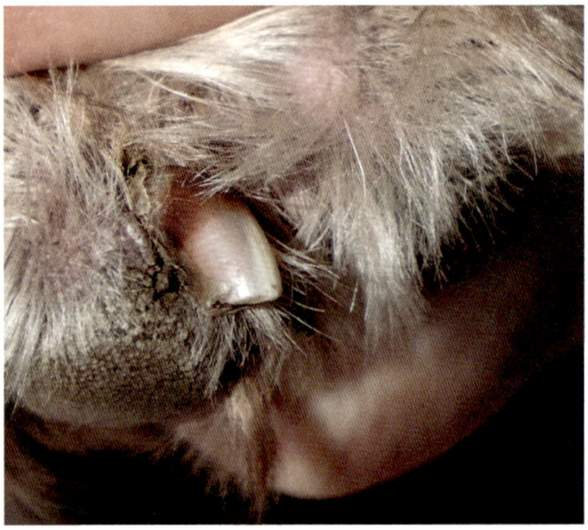

Solche braunen Auflagerungen an den Krallen können ein Hinweis auf eine Hefepilzinfektion sein.

Magen-Darm-Trakt

Durch Nahrungsbestandteile ausgelöste Verdauungsstörungen müssen sich nicht direkt in starken Durchfällen oder rezidivierendem Erbrechen äußeren. Oft sind die Anzeichen geringgradiger ausgeprägt, so dass man sie als Hundehalter durchaus übersehen oder als Eigenheit seines Hundes missinterpretieren kann.

Deutlich vernehmbare Bauchgeräusche können auf eine gesteigerte Magen-Darmmotorik (Peristaltik) hinweisen. Blähungen entstehen, wenn unzureichend verdaute Nahrung im Dickdarm landet und dort von Darmbakterien unter Gasbildung verwertet wird. Eine schleimige Einhüllung des meist noch gut geformten Kots deutet auf eine Entzündung des Dickdarms hin. Solche Colitiden wurden in Zusammenhang mit Perianalfisteln des Deutschen Schäferhundes beschrieben, welches den erfolgreichen Einsatz von Eliminationsdiäten bei einem Teil der Patienten erklären könnte.

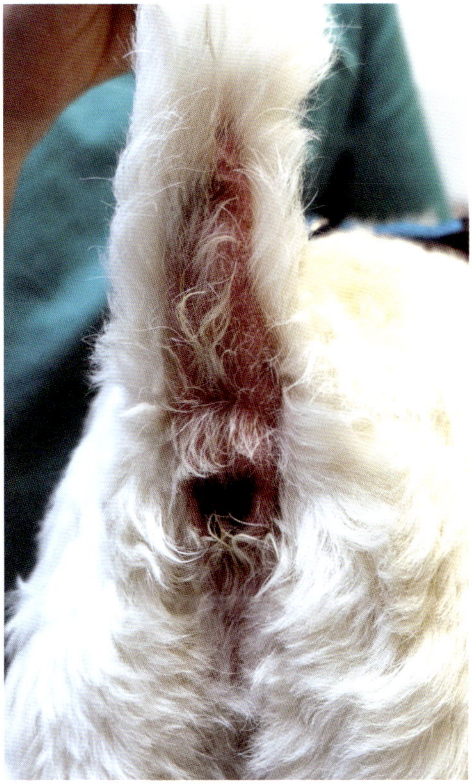

Diese Entzündung im perianalen Bereich dehnt sich bis auf die Rutenunterseite aus.

Zu Bewertung der Verdauung lassen sich verschiedene Kriterien heranziehen. Gute Anhaltspunkte liefern die Absatzfrequenz sowie die Kotmenge und -beschaffenheit. Ein Hund sollte bei guter Verdauung nicht mehr als drei Mal täglich einen gut geformten Kot ohne Auflagerungen von Blut oder Schleim absetzen.

Verdauungsstörungen können von Appetitlosigkeit, aber ebenso auch einmal von Heißhunger begleitet sein. Gewichtsverlust oder Wachstumsverzögerung sind schließlich die Folge anhaltend mangelnder Nahrungsverwertung.

In Zusammenhang mit Futtermittelallergien wird auch immer wieder von dem Rutschen mit dem Hinterteil über den Boden („Schlittenfahren") berichtet. Hier kann eine unvollständige Entleerung der Analbeutel infolge eines zu weichen Kots, aber auch Juckreiz in dieser perianalen Hautregion dahinterstecken.

Appetitlosigkeit kann, muss aber nicht mit einer Futtermittelallergie einhergehen.

Andere Organsysteme

Allgemeine Krankheitsanzeichen wie Abgeschlagenheit, Appetitlosigkeit und Gewichtsverlust sind sehr unspezifisch und können infolge vieler Erkrankungen auftreten. Manche Hunde zeigen eine ausgeprägte Nervosität. Diese ist oft dem quälenden Juckreiz zuzuordnen, wie das rasche Nachlassen der Unruhe nach einer juckreizstillenden Behandlung zeigt.

Spezieller sind die berichteten Störungen im Bereich des Nervensystems. Es wurde über Epilepsien und Verhaltensauffälligkeiten, wie z. B. eine gesteigerte Aggression berichtet. Als neurologische Störung in Zusammenhang mit dem Weizenprotein Gluten könnte auch die beim Border Terrier auftretende „Paroxysmale Gluten-sensitive Dyskinesie" (PGSD) hierzu passen. Diese anfallartige Bewegungsstörung wird aber ähnlich der Gluten-Ataxie beim Menschen von den Allergien gegen Weizenproteine abgegrenzt (s. S. 60).

Hinsichtlich des Harnapparates gab es eine Studie[4], die über das Auftreten von Futtermittelallergien im Rahmen der familiären „Protein-losing Enteropathy / Protein-losing Nephropathy" (PLE/PLN) des Soft Coated Wheaten Terriers berichtete. Hierbei blieb aber die Frage nach einer ursächlichen Beteiligung offen. Die Bezeichnung PLE/PLN weist auf die Eiweißverluste hin, die infolge der Darm- bzw. Nierenschäden auftreten.

Bei der PLE/PLN des Irish Soft Coated Wheaten Terrier wurden Futtermittelallergien beschrieben, ihre ursächliche Beteiligung aber nicht geklärt.

Darüber hinaus wurden vereinzelt auch Störungen anderer Organsysteme mit Futtermitteln in Verbindung gebracht, wie zum Beispiel Bindehautentzündungen und respiratorische Erkrankungen.

Symptome einer Futtermittelallergie

Nichtsaisonale Beschwerden, wenn auch evtl. von schwankender Intensität und nicht unbedingt unmittelbar in den ersten Stunden nach der Futteraufnahme auftretend:

- **Juckreiz**, der auf bestimmte Bereiche beschränkt (siehe Verteilungsmuster S. 11), aber auch generalisiert auftreten kann.

- **Hautveränderungen,** die lokalisiert (siehe Verteilungsmuster S. 11), aber im Verlauf auch großflächiger verteilt sein können:
    - chronisch-rezidivierende Hautentzündungen
    - chronisch-rezidivierende oberflächliche eitrige Hautinfektionen (Pyodermien)
    - chronisch-rezidivierende Hefepilzinfektionen der Haut (Malassezien)
    - insbesondere chronisch rezidivierende Entzündungen und Infektionen (s. o.) der Pfoten (Pododermatitis)
    - insbesondere chronisch rezidivierende Entzündungen und Infektionen (s. o.) des äußeren Gehörgangs (Otitis externa)
    - rezidivierende „Hotspots“
    - unspezifische Störungen der Keratinisierung (Verhornungsprozess der Haut) und Talgproduktion (trockene und fettige Seborrhoen)
    - seltener Nesselsucht (Urtikaria) oder Angioödem
    - vereinzelt beschrieben: andere Veränderungen von Haut- und Hautanhangsorganen wie z. B. eine „symmetrische lupoide Onychodystrophie“ (SLO) oder eine granulomatöse Sebadenitis (Talgdrüsenentzündung)

- **Magen-Darm-Trakt:**
    - sämtliche Anzeichen von Verdauungsstörungen, wie:
        - rezidivierende Durchfälle, Erbrechen, verstärkte Magen-Darmgeräusche, Blähungen
        - häufiger Kotabsatz (> 3 x tägl.), wechselnde Kotkonsistenz, evtl. mit Schleimauflagerungen
        - vermehrter, schmerzhafter Drang zum Kotabsatz (Tenesmus), erhöhte Kotmenge
    - chronisch-rezidivierende Analbeutelprobleme

- **Seltener andere Organsysteme:**
    - Anzeichen eines gestörten Allgemeinbefindens (Lethargie, Appetitlosigkeit ...), Epilepsie, Verhaltensauffälligkeiten, Bindehautentzündungen, Störungen des Atemapparates
    - eventuell die „Protein-losing Enteropathy / Protein-losing Nephropathy“ (PLE/PLN) beim Irish Soft Coated Wheaten Terrier

3. Kurze Begriffsbestimmung

Im allgemeinen Sprachgebrauch wird der Begriff der Futtermittelallergie häufig für alle Arten von krankhaften Reaktionen auf Futtermittel verwendet. Allergien sind aber definiert als eine überschießende Reaktion des Immunsystems auf körperfremde, eigentlich unschädliche Substanzen (Allergene). Und nicht alle schädlichen Auswirkungen von Futterbestandteilen basieren auf einem fehlgeleiteten Immunsystem!

Insbesondere bei den Magen-Darm-störungen gibt es eine Reihe anderer Krankheitsvorgänge, wie zum Beispiel einen Mangel an Enzymen (Laktoseintoleranz), pharmakologische Wirkungen (Theobromin im Kakao) oder toxische Effekte (bakterielle Gifte oder Pflanzeninhaltsstoffe). Diese bezeichnet man in Abgrenzung zu den Allergien als Futtermittelunverträglichkeiten bzw. -intoleranzen.

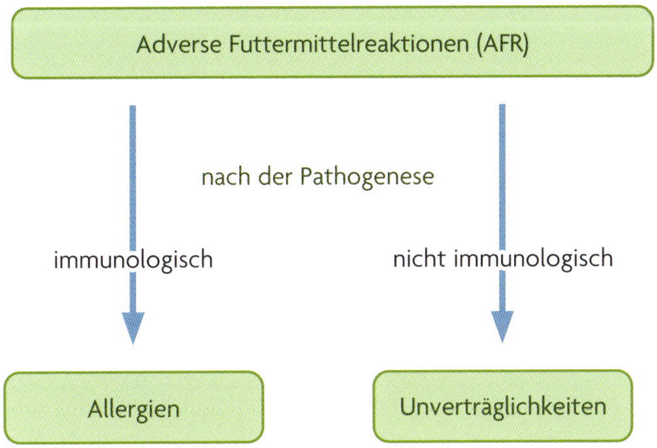

Futtermittelallergien und Unverträglichkeiten werden unter dem Oberbegriff der adversen Futtermittelreaktionen (AFR) zusammengefasst, d. h. aller nachteiligen Reaktionen auf Futterbestandteile.

Neben dieser Unterscheidung nach der Krankheitsentstehung (Pathogenese) lassen sich die AFR auch nach den betroffenen Organsystemen einteilen:

1. cutane adverse Futterreaktionen (CAFR), d.h. die Haut betreffende Reaktionen,
2. den sogenannten futterresponsiven Enteropathien, den auf Futterumstellung ansprechenden Darmstörungen,
3. sowie weitere, seltener beeinträchtige Organe wie z.B. das Nervensystem.

Allergien und Unverträglichkeiten lassen sich wegen der Ähnlichkeit der Symptome und aufwendiger Diagnostik oft gar nicht so leicht unterscheiden. Da in Studien die zugrundeliegende Diagnostik nicht immer ersichtlich ist, werden in der Fachliteratur meistens die Begriffe AFR und CAFR gewählt. Dementsprechend sind auch einige in diesem Buch genannten Prozentangaben darauf bezogen.

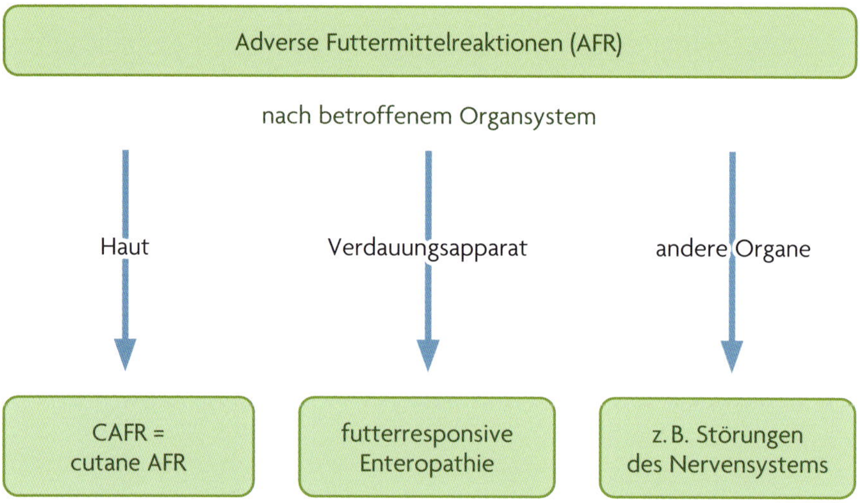

Bei Allergien kommt es zu einer überschießenden Reaktion des Immunsystems auf körperfremde, eigentlich unschädliche Substanzen (Allergene).

4. Allergien und Unverträglichkeiten

Die Unverträglichkeiten

Als Futterunverträglichkeiten gelten alle adversen Futterreaktionen, an denen das Immunsystem nicht beteiligt ist. Die Unterscheidung zwischen Unverträglichkeit und Allergie ist jedoch oft gar nicht so einfach zu treffen. Beide können ähnliche Symptome hervorrufen, die sich unmittelbar nach der Futteraufnahme oder aber auch erst nach Tagen zeigen können. Für beide gibt es keine einfachen Labortests und ihr Nachweis erfordert zeitaufwendige Fütterungsversuche. Und manches Mal lässt sich der zugrunde liegende Krankheitsprozess gar nicht bestimmen. Bei reinen Störungen des Verdauungsapparates scheint es jedoch eher an Unverträglichkeiten als an Allergien zu liegen.

Eine sorgfältige Aufnahme der Krankengeschichte, insbesondere der Futterhistorie ist von großer Bedeutung. So lassen sich zum Beispiel einfache Fütterungsfehler rasch erkennen. Ein dauernder, schneller Wechsel zwischen verschiedenen Futtersorten bringt zwar Abwechslung, aber mitunter auch die Darmflora aus dem Gleichgewicht. Pansen ist bei Hundehaltern sehr beliebt und wird von Hunden gerne gefressen. Er enthält aber einen großen Anteil an Bindegewebe, das vornehmlich im Dickdarm fermentiert wird. Dies kann zu Durchfällen und Blähungen führen. Unausgewogene Futterrationen können zu Verdauungsstörungen führen, wie zum Beispiel bei einem zu hohen Fett- oder einem zu geringen Ballaststoffanteil.

Über die Futteranamnese kommt man auch speziellen Inhaltsstoffen auf die Spur, die pharmakologische Wirkungen beim Hund besitzen. Bei Hunden kann zum Beispiel das Süßungsmittel Xylit (in vielen zuckerfreien Produkten wie z. B. Kaugummis, Bonbons, Hustensaft, oder manche homöopathische Globuli) in größeren Mengen zu einer starken Insulinausschüttung führen. Durch die Unterzuckerung kommt es zu Benommenheit, Erbrechen, Zittern, unkoordinierten Bewegungen und Krämpfen bis hin zum Koma.

Magen-Darmstörungen nach der Fütterung von Milch oder (manchen) Milchprodukten können auf einer Allergie gegen eines der Milchproteine, aber ebenso auf einer Laktoseunverträglichkeit beruhen. Nicht nur der Mensch kann als Erwachsener durch einen Mangel an dem Enzym Laktase unter einer eingeschränkten Laktoseverwertung leiden.

Anhand des Beispiels des Histamins lassen sich die Schwierigkeiten bei der Differenzierung ganz gut veranschaulichen. Histamin ist ein Entzündungsmediator, der zu Juckreiz, Rötungen und Schwellungen führt. Er wird bei allergischen Vorgängen unter Vermittlung von Antikörpern aus Abwehrzellen (z. B. Mastzellen) freigesetzt. In Nahrungsmitteln kann jedoch Histamin (oder Stoffe, die dessen Ausschüttung anregen) schon in größerem Umfang enthalten sein. Beispiele hierfür sind Thunfisch oder lange gereifter Käse. Histamin kann dementsprechend mit oder ohne Beteiligung des Immunsystems zur Wirkung kommen.

Beispiele für Unverträglichkeiten:

- Stoffwechselwirkung (Laktoseintoleranz durch einen Enzymmangel)
- Toxische Wirkung (Bakterientoxine, Zwiebeln, Knoblauch, Weintrauben, Rosinen)
- Pharmakologische Wirkung (Theobromin aus dem Kakao, Schilddrüsenhormon bei Schlundverfütterung, Histamin in Thunfisch, Xylit in zuckerfreien Produkten)
- Physikalische Wirkung (z. B. Knochenfütterung)
- Störung der Darmflora (Dysbiose)
- Futterqualität (z. B. hoher Anteil schwer verdaulicher Komponenten)

Die Allergien des Hundes

Im Gegensatz zu den Unverträglichkeiten liegt einer Allergie immer eine Reaktion des Immunsystems zugrunde. Es kommt hierbei zu einer übertriebenen Abwehrreaktion gegenüber körperfremden, an sich aber harmlosen Stoffen (Allergenen).

Ist eine genetische Komponente beteiligt, spricht man von einer Atopie. Hierbei handelt es sich um eine Prädisposition, eine Anfälligkeit dafür, im Laufe des Lebens eine oder auch mehrere Allergien zu entwickeln. Die Veranlagung allein reicht aber nicht aus. Es bedarf noch weiterer Faktoren wie zum Beispiel bestimmter Umwelteinflüsse, damit das Krankheitsbild entsteht. Durch die Erforschung derartiger Cofaktoren hofft man, wertvolle Erkenntnisse für Therapie und Prävention zu gewinnen.

Das Immunsystem ist ganz besonders an den Grenzen zur Außenwelt, wie der Haut, dem Darm und den Atemwegen gefordert, potenzielle Gefahren abzuwehren. Regulierende Mechanismen sorgen dafür, dass überschießende Reaktionen vermieden und harmlose Stoffe toleriert werden. Bei einer Allergie gerät dies aus der Balance und ein ungefährlicher Stoff wird durch die Aktivierung spezieller Reaktionsketten bekämpft.

Im Gegensatz zu Unverträglichkeiten kommt es bei Allergien noch nicht beim ersten Kontakt zu den unerwünschten Reaktionen. Das Immunsystem braucht Zeit, um sich gegenüber einem Allergen zu sensibilisieren.

Der kürzlich vollzogene Futterwechsel, der gerne als verdächtig angenommen wird, entkräftet eher den Verdacht auf eine Futtermittelallergie. Studien zufolge haben sogar viele Hunde ein Futter schon über zwei Jahre lang gefressen, bevor sie allergische Reaktionen dagegen zeigen.

Das Auftreten und das Ausmaß von Unverträglichkeitsreaktionen hängen von der Menge des betreffenden Stoffes ab. Gewisse Laktoseanteile in der Nahrung werden meist noch vertragen, die Beschwerden steigern sich dann mit zunehmender Menge. Dies ist bei Allergien anders. Schon kleinste Mengen können fulminante Reaktionen hervorrufen. Dies erschwert die Diagnostik von Futtermittelallergien in Form von strikten Eliminationsdiäten. Dies betrifft Verunreinigungen in kommerziellen Futterprodukten, aber auch die Einsicht der ganzen Familie, dass selbst ein noch so kleines Betthupferl die ganze Diät gefährden kann.

Grundsätzlich können Hunde Allergien gegen die verschiedensten Stoffe entwickeln. Hierzu zählen Kontaktallergien z. B. gegen Chromverbindungen in Ledergerbstoffen, Allergien gegen Medikamente und evtl. auch Allergien gegen Bakterien oder Hefepilze.

Die drei bedeutendsten Allergien beim Hund sind aber die Allergie gegen Umweltallergene, die Flohallergie sowie die Futtermittelallergie. Sie können ähnliche Symptome hervorrufen, zusammen auftreten und sich gegenseitig verstärken. Insbesondere die Allergie gegen Umweltallergene und die Futtermittelallergie stehen sich sehr nahe. Dies spiegelt sich auch in der Allergiediagnostik wider.

Die Flohallergie

Flohallergien oder Flohbefall sind für Futtermittelallergiker in verschiedener Hinsicht von Bedeutung. Zum einen muss bei den Untersuchungen auf Umwelt- oder Futtermittelallergien eine Flohallergie als mögliche Ursache der Beschwerden ausgeschlossen werden (Differentialdiagnose, s. S. 74 und 79). Zum anderen besteht bei Futtermittelallergikern ein erhöhtes Risiko, noch weitere Allergien zu entwickeln. Und schließlich gelten Flohstiche als potenzielle Trigger für die Entwicklung von Allergieschüben bei Futtermittel – oder Umweltallergikern. Eine gute Flohprophylaxe gehört deshalb zum Management dieser Allergien.

Die Allergie auf Flöhe bzw. Flohspeichel führt zu heftigem Juckreiz, der ausgeprägte Hautläsionen durch das Lecken, Beißen und Kratzen der Hunde nach sich zieht. Eine Besonderheit ist die Lokalisation der Hautsymptome. Zu mindestens anfänglich ist vor allem die hintere Körperregion, das heißt die Kruppe und die Hinterbeine mit den Innenschenkeln betroffen. Dies ist eine Region, die bei den beiden anderen Allergien erst einmal nicht im Focus steht. Rezidivierende Hotspots dort sind in dieser Hinsicht sehr verdächtig.

Da sich Flöhe nicht ständig auf dem Tier aufhalten, beginnt die Spurensuche mit der Untersuchung auf Flohkot in der besagten Region. Man bürstet die Haare mit einem Flohkamm aus und streift ihn auf ein feuchtes Küchenpapiertuch aus. Stammen die gesammelten Krümel vom Floh, würde sich, als Ausdruck des unverdauten Blutes im Flohkot, auf dem feuchten Papier ein rötlicher Ring darum bilden.

Allerdings bedarf es bei einem Flohspeichelallergiker nicht erst eines deutlichen Flohbefalls. Schon wenige Stiche können einen massiven Juckreiz hervorrufen und der Floh verlässt angesichts der Abwehrmaßnahmen den Hund evtl. schon ohne verdächtige Hinterlassenschaft.

Hier kann die Krankengeschichte (Anamnese) weiterhelfen. Die angesprochene Lokalisation bei einem nicht entsprechend geschützten Hund zusammen mit typischen Flohquellen, wie der Igel im Garten oder die ständig über die Terrasse flanierende (ungeschützte) Katze des Nachbarn, erhärten den Verdacht. Dabei kann man sich nicht auf die Zeiten einer „Flohsaison“ zur warmen Jahreszeit verlassen. In den gut geheizten Wohnungen finden Flöhe heutzutage gute Überwinterungsquartiere. Eine ganzjährige Symptomatik mit Spitzen in den Sommermonaten ist durchaus möglich.

Studien zu serologischen oder intracutanen Tests zum Nachweis einer Flohallergie ergaben recht unterschiedliche Resultate, positive Ergebnisse waren nicht unbedingt beweisend. Zur Absicherung der Diagnose wird im Allgemeinen eine diagnostische Therapie durchgeführt. Bessern sich unter der Anwendung eines effektiven Flohschutzprogramms (Umgebungsbehandlung inbegriffen) die Symptome, lässt sich zusammen mit den oben genannten Parametern von einem flohbedingten Geschehen ausgehen.

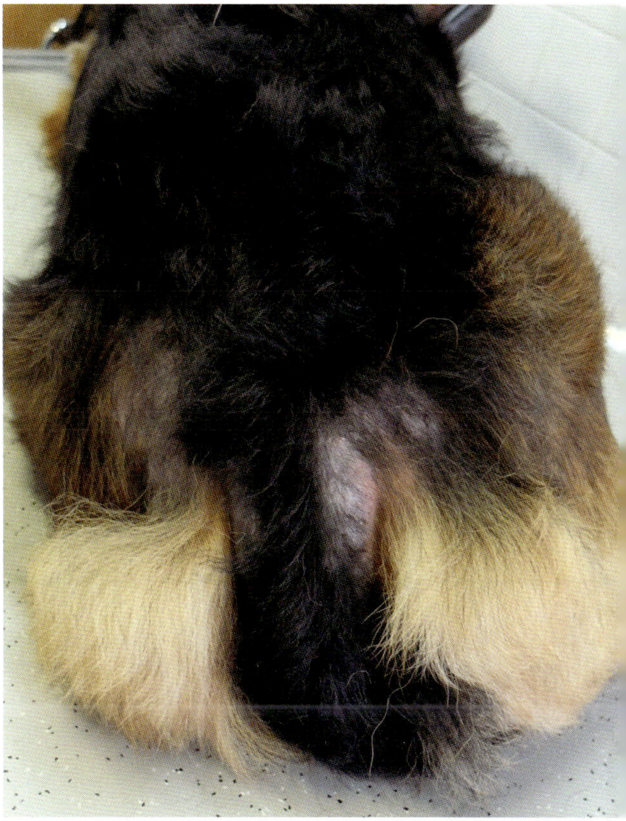

Bei einem Flohbefall ist anfangs vor allem der hintere Körperbereich betroffen.

Die Allergie gegen Umweltallergene, die „canine* atopische Dermatitis“ (CAD)

Die wohl am umfangreichsten untersuchte Allergie des Hundes ist die gegen Umweltallergene wie z. B. Baum- und Gräserpollen, Hausstaub- und Futtermilben oder Schimmelpilze.

Obwohl es sich um über die Luft verbreitete Allergene handelt (Aeroallergene), hat dies wenig mit dem menschlichen Heuschnupfen gemein. Dem Weg des Allergenkontaktes über die Haut wird heute mehr Bedeutung zugemessen als dem über die Atemschleimhäute. So spricht man nicht mehr von Aeroallergenen, sondern von Umweltallergenen.

Enge Parallelen bestehen hingegen zu der atopischen Dermatitis des Menschen (Neurodermitis, atopisches Ekzem). Bei Mensch und Hund spielt dabei eine Störung der Hautbarriere eine wichtige Rolle. Stellt man sich die obersten Hautschichten wie eine Ziegelsteinmauer vor, so ist es bei der CAD so, als ob der Mörtel bröckelt. Bestimmte Eiweiße (Filaggrine) und spezielle Fette (Ceramide) sind für den Zusammenhalt der Mauer essenziell. Durch deren mangelhafte Ausprägung wird die Verbindung zwischen den Zellen durchlässiger. Hierdurch könnten Allergene tiefer in die Haut eindringen und das Immunsystem stimulieren. Darüber hinaus könnte die verminderte Hautbarriere auch zu den rezidivierenden Sekundärinfektionen mit Bakterien und Hefepilzen beitragen, die man bei betroffenen Hunden so häufig findet.

* des Hundes

Schon vor über 20 Jahren wurde innerhalb des American College of Veterinary Dermatology eine Arbeitsgruppe für die CAD gegründet, die Task Force on Canine Atopic Dermatitis. Im Laufe der Jahre ist das Wissen um diese Erkrankung stetig gewachsen und die Task Force (heute in Form des International Committee of Allergic Diseases of Animal, ICADA) sichtet und publiziert fortwährend die aktuellen Forschungsergebnisse und -erkenntnisse. Trotz aller Fortschritte sind aber längst noch nicht alle Fragen rund um diese Erkrankung geklärt.

Während man bei Kindern von einer primären Störung der Hautbarriere (Genmutation bzgl. der Ausbildung der Filaggrine) ausgeht, ist dies beim Hund nicht gesichert. So könnten auch die Infektionen mit Bakterien und Hefepilzen oder sogar Allergene selbst

(z. B. enzymatische Wirkung von Hausstaubmilben-Allergenen) zur Störung der Hautbarriere führen.

Bei Mensch und Hund sind derartige Hautinfektionen während der Allergieschübe häufig zu beobachten. Dabei geht es nicht nur um Infektionen infolge des Kratzens und Leckens der Hunde. Selbst an Stellen, die der Hund nicht erreicht, kann es zu einer überschießenden Vermehrung von Staphylokokken (Staph. pseudintermedius) und Malassezien-Hefepilzen (Malassezia pachydermatis) kommen – Keime, die auch in der Hautflora gesunder Hunde zu finden sind. Sekundärinfektionen in den äußeren Gehörgängen liefern hierfür ein gutes Beispiel.

Diese Infektionen können Beschwerden wie Entzündungen und Juckreiz aufrechterhalten, selbst wenn das auslösende Allergen schon längst nicht mehr vorhanden ist. Um nicht fälschlicherweise von einer Verschlimmerung der allergischen Grunderkrankung auszugehen, gehören Kontrollen auf Sekundärinfektionen mit zum Allergiemanagement. Es ist sogar nicht ausgeschlossen, dass zumindest bei einem Teil der Hunde die Staphylokokken oder Hefepilze selbst zu Allergenen werden.

Neue Untersuchungsmethoden auf genetischer Basis haben dazu beigetragen, die komplexe Zusammensetzung der Hautflora (Haut-Microbiota) weiter aufzuklären. Studien lassen vermuten, dass die Vielfältigkeit (Diversität) der Bakterienarten bei allergischen Hunden generell geringer ausfällt als bei gesunden Hunden, in der Regel mit einer Verlagerung hin zu den Staphylokokken.

Die Bezeichnungen Microbiota und Microbiom werden oft synonym für die Gesamtheit aller Mikroorganismen auf und in einem Organismus benutzt. Der Begriff des Microbioms im engeren Sinne bezeichnet die Gesamtheit des Erbgutes, der genetischen Information der Mikroorganismen, insbesondere der Bakterien.

Im Rahmen der Microbiomforschung versucht man, weitere Einblicke in das vielschichtige Wechselspiel zwischen Hautflora und Immunsystem zu gewinnen, die dann hinsichtlich Therapie und Prävention von Interesse sein können.

Die „canine atopische Dermatitis" ist eine genetisch prädisponierte, entzündliche und juckende allergische Hautkrankheit mit charakteristischen klinischen Merkmalen assoziiert mit IgE-Antikörpern, die zumeist gegen Umweltallergene gerichtet sind. *(Task Force on CAD 2010)*

Das Verhältnis von der Futtermittelallergie zur Allergie gegen Umweltallergene

Unter dem Begriff der (caninen) atopischen Dermatitis wird meist nur die Allergie gegen Umweltallergene verstanden. Früher wurde CAD und Futtermittelallergie strikt voneinander getrennt. Angesichts der Gemeinsamkeiten scheinen die Grenzen aber zunehmend zu verschwimmen.

Besonders augenfällig sind die übereinstimmende Hautsymptomatik und die Neigung zu Sekundärinfektionen. Allein anhand dieser klinischen Erscheinungen lassen sich diese beiden Allergien nicht unterscheiden. Lediglich bei einem Teil der Hunde können zusätzliche Verdauungsstörungen einen Anhalt bieten. So wurden schon die Begriffe der „futterinduzierten atopischen Dermatitis" (FIAD) in Abgrenzung zur „nicht-futterinduzierten atopischen Dermatitis" (NFIAD) geprägt.

Zusammengefasst lässt sich daraus folgern, dass das klinische Bild einer atopischen Dermatitis durch Allergene verschiedener Herkunft (Umwelt/Futter) hervorgerufen werden kann. Inwieweit dies auch auf den gleichen oder ähnlichen Prozessen der Krankheitsentstehung beruht, ist in vieler Hinsicht noch offen, die Beziehung der beiden Allergien zueinander nicht vollends geklärt.

Hinsichtlich der Häufigkeit ihres Vorkommens rangiert die Futtermittelallergie hinter der Allergie gegen Umweltallergene. In einer Studie[5] an 259 Hunden mit dem Krankheitsbild einer atopischen Dermatitis konnte bei einem Viertel das Futter als Ursache identifiziert werden.

Die Schwellenwert-Hypothese

Bei allergischen Hunden besteht ein höheres Risiko, mehrere Allergien zu entwickeln. Studien zufolge lassen sich bei 20 – 30 % der Futtermittelallergiker auch Allergien gegen Umweltallergene oder Flöhe nachweisen.

Diese Kombinationen können die Diagnostik erheblich erschweren. Durch die Kombination einer Futtermittelallergie mit einer saisonalen Pollenallergie kann es zu ganzjährigen Symptomen kommen, die sich zur Pollensaison noch einmal verschärfen. Es könnte aber auch sein, dass betroffene Hunde nur zur Pollensaison mit starkem Juckreiz reagieren, den Rest des Jahres aber beschwerdefrei erscheinen. Als Erklärung kann hier die Schwellenwert-Hypothese dienen. Man geht davon aus, dass es eine individuelle Juckreizschwelle gibt und sich einzelne Stressoren zu einer Gesamtbelastung aufsummieren.

Bei der „anstrengungsinduzierten Weizenallergie“ des Menschen lassen sich ähnliche Summationseffekte beobachten. Prädisponierte Menschen reagieren nur auf den Verzehr von Weizenprodukten, wenn dies im Zusammenhang mit körperlicher Belastung steht. Als weitere Stressoren gelten z. B. Alkoholkonsum, Infektionen und Hormonschwankungen.

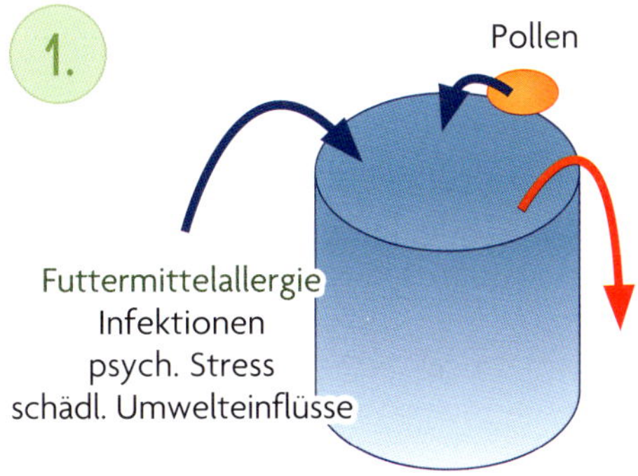

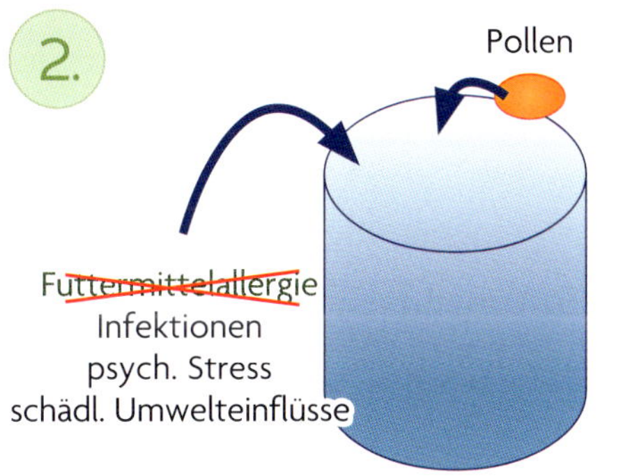

Treffen mehrere Stressoren zusammen, kann die Juckreizschwelle überschritten werden. Fällt eine Einzelbelastung weg, machen die verbliebenen keine Probleme, wenn die Schwelle dadurch unterschritten wird. Bildlich kann man sich dies auch als ein Glas voll mit Flüssigkeiten (Stressoren) vorstellen, das dann überläuft, wenn zum Beispiel nur ein „Tropfen“ Pollen hinzukommt. Kann man vorher aus dem Glas einzelne Belastungen entfernen, kann der Tropfen nichts mehr ausrichten.

Bei den Allergiekombinationen bietet es sich natürlich an, die Belastung durch eine Futtermittelallergie zu vermindern. Den deren Allergen kann man, ganz im Gegensatz zu Umweltallergenen, durch einen Futterwechsel entfernen.

Dieses Konzept kann aber auch bei einzeln auftretenden Allergien Verwendung finden. Es lohnt sich immer, nach weiteren potenziellen Belastungen zu suchen und diese, wenn möglich abzustellen, in der Hoffnung dadurch die Gesamtbelastung unter die Schwelle zu drücken.

Zu möglichen Belastungen gehören zum Beispiel Infektionen, Parasitenbefall (Flöhe!), aber auch psychischer Stress. Letzteres kann beim Hund durchaus eine Belastung darstellen. Bei Labrador Filou aus meiner

Sprechstunde kam es vorwiegend dann zu Allergieschüben, wenn sein Herrchen auf Geschäftsreise war.

Mira, eine junge Beagle-Hündin, litt (zuerst) nur während der Läufigkeiten unter generalisiertem Juckreiz. Da sie sehr unregelmäßige Läufigkeitsrhythmen besaß, ließ sich eine zufällig zeitgleich ablaufende Allergie gegen saisonale Umweltallergene ausschließen. Bei ihr führte vermutlich die hormonelle Umstellung während der Läufigkeit zum Überspringen der Juckreizschwelle. Die langen juckreizfreien Pausen erforderten natürlich eine entsprechende zeitliche Planung der Eliminationsdiät.

Die Futtermittelallergie

Genmutationen, wie sie bei der atopischen Dermatitis des Menschen bekannt sind, wurden für die Futtermittelallergie des Hundes nicht nachgewiesen. Bezüglich der Prädisposition bestimmter Hunderassen gibt es unterschiedliche Angaben. Einige Autoren verneinen eine solche, andere nannten Rassen wie Boxer, Cocker und Springer Spaniel, Collie, Dalmatiner, Deutscher Schäferhund, Lhasa Apso, Zwergschnauzer, Retriever, Shar Pei, Dackel und West Highland White Terrier. Eine Studie von 2008[5] setzte die in verschiedenen Schweizer Kliniken festgestellten Fälle ins Verhältnis zu den Daten des Schweizer Melderegisters für Hunde. Hierbei erwiesen sich West Highland White Terrier, Mops, Boxer, Rhodesian Ridgeback und der Deutsche Schäferhund als überrepräsentiert. Rassen wie Labrador und Golden Retriever wurden laut der Autoren häufiger mit einer Futtermittel- oder Umweltallergie diagnostiziert, da sie aufgrund ihrer Beliebtheit stark in der Schweiz vertreten sind.

Ähnlich der gestörten Hautbarriere bei der Allergie gegen Umweltallergene könnte eine veränderte Schleimhautbarriere eine Rolle bei der Entwicklung der Futtermittelallergie spielen. Dies würde die Aufnahme größerer Allergenmoleküle (Proteinstücke) ermöglichen. Und je größer die Allergenmoleküle, desto höher schätzt man die Gefahr einer allergischen Reaktion ein. Bei den normalen Verdauungsvorgängen werden Nahrungsproteine u. a. durch die Magensäure und die Verdauungsenzyme der Bauchspeicheldrüse zu Aminosäuren und kleinen Proteinstücken (Peptide) zerkleinert, sodass diese als ungefährliche Nahrungsbestandteile eingestuft werden können. Verdauungsstörungen und Defekte der Schleimhautbarriere könnten dementsprechend zu Entwicklung einer Allergie beitragen, Magen-Darminfekte oder Entzündungen der Bauchspeicheldrüse die Gefahr einer Allergieentwicklung erhöhen.

Deshalb wird empfohlen, bei solchen Erkrankungen nach einem Fastentag erst einmal Schonkost in Form leicht verdaulicher Nahrung zu verabreichen. Dabei sollten die Inhaltsstoffe so ausgewählt werden, dass sie zur Not in Zukunft entbehrlich wären, wenn sich dagegen eine Allergie entwickeln würde. Man spricht hierbei vom sogenannten „Opferprotein".

Eine unvollständige Schleimhautbarriere und Verdauung sind aber nicht nur bei Krankheiten zu beobachten. Nach der Geburt muss sich eine gut funktionierende Barriere erst noch ausbilden. Die anfängliche Durchlässigkeit ermöglicht die notwendige Aufnahme der schützenden Immunglobuline aus der ersten Muttermilch (Kolostrum). Mit der Reifung des eigenen Immunsystems muss aber auch die Entwicklung der sogenannten oralen* Toleranz gegenüber unschädlichen Nahrungsbestandteilen einhergehen.

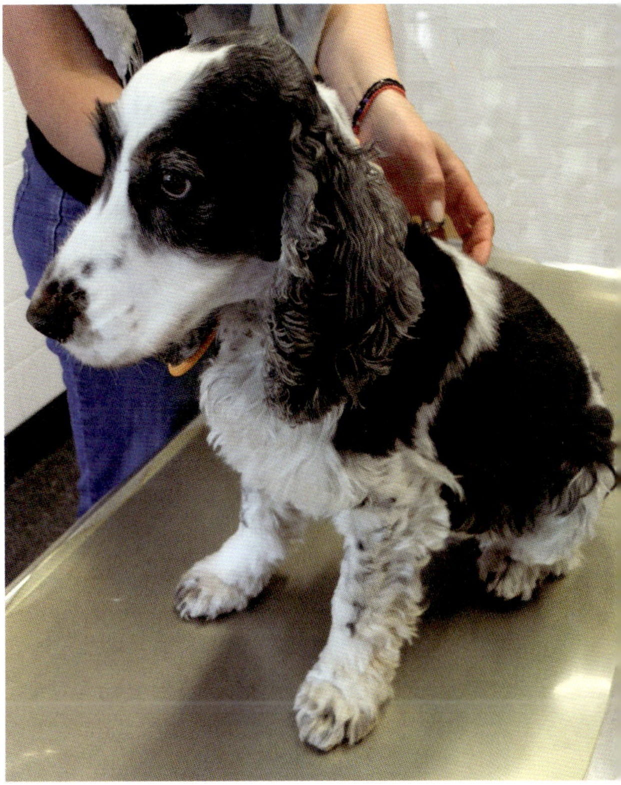

Cocker Spaniel Obelix hatte 13 Jahre lang keinerlei allergische Probleme. Dann entwickelte er nach einer Pankreatitis eine Futtermittelallergie mit äußerst hartnäckiger Gehörgangsinfektion.

* peroral, über den Mund aufgenommen

Die Ausbildung der oralen Toleranz ist von zentraler Bedeutung. Alles was deren Ausbildung stört oder umgeht, erhöht das Risiko für Futtermittelallergien. Die ersten Lebensmonate scheinen in dieser Hinsicht von besonderer Bedeutung zu sein.

Die ersten Lebenswochen stellen große Anforderungen an das Immunsystem. Es wird mit den Keimen aus der Umwelt und spätestens nach dem Absetzen mit einer Vielzahl an Nahrungsbestandteilen konfrontiert, muss lernen, welche ungefährlich sind und dementsprechend toleriert werden können. Nicht nur Nahrungsbestandteile, sondern auch die sich nach der Geburt aufbauende Darmflora müssen toleriert werden.

Es ist eine aktive Leistung des Immunsystems, das die Regulation der Abwehr im Umgang mit entsprechenden Stoffen und Keimen erst lernen

Schon im Welpenalter können die Weichen für eine Futtermittelallergie gestellt werden.

muss. So wird in den Leitlinien zum Management von Nahrungsmittelallergien beim Menschen auch nicht mehr zu diätetischen Einschränkungen hinsichtlich bestimmter Nahrungsmittel bei Mutter und Kind geraten.

Ein Großteil der primären Nahrungsmittelallergien bei Kindern verliert sich mit zunehmendem Alter. Ein Umstand, der auf einer Reifung des Immunsystems beruhen könnte. Ein solches „Entwachsen“ ist allerdings bei den Futtermittelallergien des Hundes bisher nicht beschrieben.

Fast die Hälfte (48 %) aller Futtermittelallergien des Hundes nehmen ihren Anfang im ersten Lebensjahr. Grundsätzlich kann sich die Futtermittelallergie aber in jedem Alter entwickeln. Im Vergleich zur Allergie gegen Umweltallergene, bei der die ersten Symptome in 78 % der Fälle im Alter von sechs Monaten bis drei Jahren auftreten, zeigen sich diese bei der Futtermittelallergie also schon früher.

Eine wichtige Rolle bei der Entwicklung der oralen Toleranz wird der Darmflora (Darm-Microbiota) beigemessen. Die mikrobielle Besiedelung des Magen-Darmtraktes beginnt erst mit der Geburt. Ein Großteil stammt von der Mutter (aus dem Geburtskanal, von der Haut und der Muttermilch), weshalb deren Microbiota ebenso von Interesse ist. Die Zusammensetzung hängt auch von der Nahrung ab, verändert sich zum Beispiel durch die Umstellung von der Muttermilch auf feste Nahrung. Beim Menschen werden Unterschiede hinsichtlich der Geburtsmethode beschrieben, ob auf dem natürlichen Wege durch den Geburtskanal oder per Kaiserschnitt entbunden wird. In den oben genannten Leitlinien wird von einem höheren Allergierisiko bei Geburten per Kaiserschnitt gesprochen.

Studien mit keimfrei aufgezogenen Mäusen zeigten, dass die Darmflora nicht nur essenziell für die allgemeine Reifung des Immunsystems, sondern insbesondere auch für Ausbildung einer oralen Toleranz ist. Einzelne Bakterienpopulationen erwiesen sich als besonders förderlich. Dabei geht es nicht nur um die Regulation immunologischer Reaktionen, sondern auch um die Stabilisierung der Schleimhautbarriere.

Die Darmflora kann über verschiedene Mechanismen Einfluss auf die Toleranzentwicklung nehmen (Anregung regulatorischer T-Lymphozyten, Stimulation von Immunzellen zur Produktion von IgA-Antikörpern und verschiedener Zellbotenstoffe). In diesem Zusammenhang wird auch die Produktion kurzkettiger Fettsäuren (z. B. Butyrat) genannt. Diese wiederum ist nicht nur von der Art der Bakterien, sondern auch von der zur Verfügung stehenden Nahrung abhängig.

Beim Menschen werden Verschiebungen der Darmflora (Dysbiose) in der frühen Kindheit mit einem höheren Risiko für die Entwicklung einer Nahrungsmittelallergie in Verbindung gebracht. Die Verabreichung von Antibiotika im ersten Lebensjahr wird als Risiko für die Entwicklung allergischer Erkrankungen gesehen.

Inwieweit die Beeinflussung der Darmflora durch den Einsatz von Pro- und Prebiotika vor der Entwicklung von Futtermittelallergien schützen kann, muss sich erst noch zeigen.

Probiotika: „Probiotika sind lebende Mikroorganismen, die dem Menschen einen gesundheitlichen Vorteil bringen, wenn sie in ausreichender Menge aufgenommen werden" (Definition der WHO/FHO 2001), wie zum Beispiel Bakterien der Gattung Lactobacillus oder Bifidobacterium.

Prebiotika: Im Dickdarm fermentierbare Kohlenhydrate, die als Nahrung für probiotischen Bakterien dienen und somit die Darmflora positiv beeinflussen sollen, wie zum Beispiel Inulin oder Fructooligosaccharide (FOS).

Wenn man auch schon vieles über die einzelnen Vorgänge bei allergischen Reaktionen weiß, so ist doch manches bei der Futtermittelallergie noch ungeklärt. So bietet z. B. das Phänomen, dass die Haut auf Futterallergene nicht nur zusammen mit dem Verdauungsapparat reagiert, sondern häufig sogar das einzige Zielorgan zu sein scheint, Anlass für verschiedene Hypothesen. Dabei wird selbst der Weg der Sensibilisierung über die Darmschleimhaut überdacht. So lassen sich Hunde experimentell über die Haut gegen Futterbestandteile sensibilisieren, wenngleich dies auch durch Zusatz abwehranregender Stoffe (Adjuvantien) oder Schwächung der Hautbarriere geschieht. So könnte theoretisch auch bei spontan auftretenden Futtermittelallergien die Entwicklung einer oralen Toleranz über den Weg einer gestörten Hautbarriere umgangen werden. Bei der Erdnussallergie von Kindern wird auch über eine kutane Sensibilisierung durch Erdnussspuren an Händen oder den Lippen der Eltern spekuliert. Beim Vergleich zwischen Kindern in Großbritannien und Israel ergab sich eine niedrigere Anzahl von Erdnussallergien in Israel, wo bei Kindern wohl schon früh erdnusshaltige Breie auf dem Speiseplan stehen.

Angaben zur Fütterung von Mutterhündin und Welpen, die konkrete, wissenschaftlich gesicherte Handlungsempfehlungen im Hinblick auf die Prävention einer Futtermittelallergie erlauben, sind schwer zu finden.

Eine Studie aus Schweden[6], die in diesem Zusammenhang öfter zitiert

Futtermittelallergien gehören wie die Allergien gegen Umweltallergene zu den multifaktoriellen Erkrankungen, für deren Ausbildung es mehrerer Faktoren bedarf. Wie genetische Prädispositionen, eine gestörte Schleimhaut- bzw. Hautbarriere und Infektionen mit Bakterien oder Hefen bei diesen Allergien zusammenwirken, ist ebenso wie die Bedeutung der IgE-Antikörper noch nicht abschließend geklärt. Und möglicherweise handelt es sich bei den betroffenen Hunden nicht immer um eine einheitliche Pathogenese (Krankheitsentstehung). Das klinische Bild einer Futtermittelallergie könnte durch verschiedene Kombinationen von Umwelteinflüssen und allergischer Reaktionsmechanismen hervorgerufen werden. Die weitere Erforschung solcher Faktoren, wie zum Beispiel der Rolle des Mikrobioms, werden das Verständnis dieser komplexen Krankheit erleichtern und möglicherweise auch Wege der Prävention eröffnen.

wird, sprach von einem geringeren Allergierisiko für die Welpen, wenn die Hündin während der Trächtigkeit mit einer selbstgemachten Diät gefüttert wurde. Futtermittelallergien waren aber hierbei nicht eingeschlossen und leider wurden keine näheren Angaben zu Inhaltsstoffen und Art der Zubereitung gegeben. Zudem wurde betont, dass nicht das Fehlen kommerzieller Diäten ausschlaggebend war. Es gab auch Kombinationen aus kommerziellem und selbst zubereitetem Futter. Deshalb wurde unter Verweis auf die Hygienehypothese über eine höhere Anzahl (apathogener*) Keime beim selbst gemachten Futter gegenüber dem „sterileren" kommerziellen Futter spekuliert. Die Hygienehypothese geht davon aus, dass die Konfrontation mit Umweltkeimen im Kindesalter vor der Entwicklung von Allergien schützt. So entwickelten zum Beispiel Kinder, die auf Bauernhöfen mit Viehhaltung aufwuchsen, weniger Allergien.

Hinsichtlich des Zeitpunktes zur Einführung der Beifütterung findet man in der Literatur[7] die Schätzung, dass Welpen ab der 4. Lebenswoche damit beginnen, eine orale Toleranz zu entwickeln. An anderer Stelle[8] wurde von der 6. Woche gesprochen. Ein Herauszögern der Beifütterung aus Gründen der Allergieprävention scheint aber analog zu den Empfehlungen beim Menschen nicht sinnvoll zu sein.

Schaut man nach Angaben zur Art der Beifütterung oder Beikost, findet man in den Leitlinien zu Allergieprävention des Menschen von 2014[9] keine Empfehlung (mehr) zur Vermeidung bestimmter Lebensmittel bei Mutter und Kind. Dem Fischkonsum im ersten

* keine Krankheit auslösend

Lebensjahr wird ein protektiver Effekt zugesprochen. Hinsichtlich des Einsatzes von Pro- bzw. Präbiotika wird zwar von einem protektiven Effekt hinsichtlich der Entwicklung eines atopischen Ekzems gesprochen, konkrete Empfehlungen von Präparaten oder Bakterienstämmen wurden aber aufgrund der Studienlage nicht abgegeben. Die Leitlinien befinden sich momentan in Überarbeitung.

Für den Hund findet man in dem 2015er ICADA-Update der Behandlungsleitlinien für die canine atopische Dermatitis[10] eine Einschätzung bezüglich des Einsatzes von Probiotika. Man spricht von einer noch unzureichenden Beweislage für den Einsatz von Probiotika als unspezifische Immuntherapie zur Prävention oder Behandlung der CAD.

Rolle der IgE-Antikörper

In Zusammenhang mit Allergien wird häufig auf die durch allergenspezifische IgE-Antikörper vermittelten Sofortreaktionen verwiesen. Viele Erkenntnisse wurden auf Grundlage dieser Abläufe gewonnen. Es sind aber nicht die einzigen allergischen Mechanismen, wie es die verzögert einsetzenden Reaktionen beim Hund schon vermuten lassen. Ganz praktisch bedeutet dies, dass man nicht schon von einem verträglichen Leckerchen ausgehen kann, nur weil der Hund nicht noch am selben Tag Symptome zeigt.

Es würde den Rahmen des Buches sprengen, die komplexen Vorgänge rund um das Immunglobulin E ausführlich darstellen zu wollen. Die folgenden Informationen können aber evtl. dabei helfen, die Problematik von „Allergietests" leichter zu verstehen oder die Aussagekraft von Futteruntersuchungen besser einordnen zu können.

Das Immunsystem ist ein hochkomplexes Netzwerk aus den verschiedensten Zellen (z. B. T- und B-Lymphozyten, Granulozyten, Mastzellen, Makrophagen, Langerhanszellen), die sich in vielfältigster Weise über zahlreiche Zellbotenstoffe (Zytokine) gegenseitig beeinflussen. Der Regulation der Abwehrprozesse, insbesondere der Verhinderung überschießender Reaktionen, dienen unter anderem regulierende T-Lymphozyten wie auch verschiedene Zytokine.

Ein Teil der Abwehrmechanismen beruht auf der Bildung von speziellen Proteinen, den Antikörpern (Immunglobulinen), die von bestimmten B-Lymphozyten (Plasmazellen) gebildet werden. Sie sind jeweils spezifisch gegen ein sogenanntes Antigen (z. B. einen Teil eines Infektionserreger) gerichtet. Je nach Aufgabe und Einsatzort werden unterschiedliche Immunglobuline produziert (z. B. IgA, IgM, IgG, IgE, IgD). Beispielweise lässt sich das

Immunsystem durch Impfungen trainieren, speziell gegen einen bestimmten Erreger Gedächtniszellen und IgG-Antikörper zu bilden, damit im Falle einer Infektion eine schnelle zielgerichtete Bekämpfung erfolgen kann. Antikörpertiter werden auch zum indirekten Nachweis von Infektionen genutzt. Indirekt, da man nicht die Anwesenheit der Erreger selbst, sondern die Reaktion des Körpers in Form der Antikörperproduktion überprüft.

Das Immunglobulin A (IgA) wird mitunter als „sekretorischer" Antikörper bezeichnet, denn es findet sich unter anderem in den Sekreten von Darm oder Atemwegen. Dort binden die Antikörper „ihre" Antigene (wie auch potenzielle Allergene), sodass diese von der Schleimhaut gar nicht erst aufgenommen werden können. Dadurch kommt ihnen eine Schutzfunktion hinsichtlich der Ausbildung von Allergien zu.

Den IgE-Antikörpern wird aber die größte Bedeutung hinsichtlich allergischer Vorgänge beigemessen. In diesem Zusammenhang spricht man von den allergenspezifischen IgE-Antikörpern. Hier werden die Antigene zu Allergenen. Es wird nicht nur einfach das Zielobjektes einer Abwehrreaktion ausgetauscht, sondern ganz unterschiedliche Reaktionsketten angeschoben. Dabei kommt es zu einer Fehlregulation, die den Körper durch überschießende Abwehrreaktionen nicht schützt, sondern schädigt.

Allergien lassen sich nach den zugrundeliegenden Mechanismen unterscheiden, zum Beispiel ob und auf welche Weise Antikörper beteiligt sind. Den IgE-vermittelten Sofortreaktionen wird beim Menschen große Aufmerksamkeit geschenkt. Bis zum Auftreten erster Symptome vergehen unter Umständen nur wenige Minuten. Juckreiz, Rötung, Schwellungen (Nesselsucht) können lokal an Haut und Schleimhäuten auftreten. Beim Menschen sind diese anaphylaktischen Sofortreaktionen aber vor allem wegen möglicher systemischer Auswirkungen auf das Herz-Kreislaufsystem gefürchtet (anaphylaktischer Schock).

IgE-Antikörper spielen auch bei den Allergien gegen Umwelt- und Futterallergene des Hundes eine Rolle. Nur ist deren genauer Umfang noch ungeklärt! Nicht bei allen betroffen Hunden lassen sich allergenspezifische IgE nachweisen oder Reaktionen im Intracutantest provozieren. Hinter den häufig zu beobachtenden verzögerten Reaktionen auf Futterallergene vermutet man direkt durch Immunzellen vermittelte Mechanismen. Dies alles könnte erklären, warum antikörperbasierte Nachweismethoden oft so unbefriedigende Resultate erzielen, unabhängig aller technischer Probleme. Auch andere Labormethoden basieren auf den IgE-Reaktionen. Zur Untersuchung von Futtermitteln hinsichtlich allergener Strukturen nutzt man unter anderem

IgE-Antikörper aus dem Serum allergischer Hunde. Bei solchen Studien wird oft auf die unklare klinische Relevanz der Ergebnisse verwiesen, weil die Bindung von IgE-Antikörpern aus dem Serum eines Hundes an entsprechende Futterallergene nicht automatisch die Ausbildung allergischer Symptome einer Erkrankung bedeuten muss. Umgekehrt bedeutet aber das Fehlen allergenspezifischer IgE-Antikörper ebenso wenig, dass der Hund nicht doch aufgrund anderer allergischer Mechanismen (direkt zellvermittelt) auf ein Futtermittel allergisch reagieren kann.

Der Mechanismus der IgE-vermittelter Sofortreaktionen

IgE-Antikörper entstehen aus einer Reaktionskette, in der B-Lymphozyten durch bestimmte T-Lymphozyten (Th2-Helferzellen) zur Produktion dieser Antiköper angeregt werden. Es ist bekannt, dass der Weg über die Th2-Zellen unter dem Einfluss bestimmter Zytokine eingeschlagen wird. Man kennt aber noch nicht alle daran beteiligten Faktoren, inwieweit zum Beispiel genetische Prädispositionen oder Eigenschaften der Antigene selbst involviert sind.

Am Anfang steht die Aufnahme der Allergene in antigenpräsentierende Zellen (verschiedene Zellen in der Haut oder Darmschleimhaut). Diese bilden dann spezifische Teile der Allergene an ihrer Oberfläche ab und stimulieren damit in den regionalen Lymphknoten die T-Helferzellen. Die wiederum veranlassen bestimmte B-Lymphozyten (Plasmazellen) zur Produktion der IgE-Antikörper.

IgE-Antikörper zirkulieren nicht nur frei im Körper, sondern binden sich auch an die Oberfläche von bestimmten Zellen, wie zum Beispiel den Mastzellen. Diese findet man als Abwehrzellen an den Grenzflächen zur Außenwelt wie der Haut, dem Darm oder den Atemwegen. Sie enthalten eine Vielzahl an Entzündungsmediatoren (in sogenannten Granula), aber auch Botenstoffe, um andere Abwehrzellen anzulocken.

Diese Vorgänge finden in der Sensibilisierungsphase statt, die unterschiedliche Zeitspannen in Anspruch nehmen kann. Sie erklärt, warum eine IgE-vermittelte allergische Reaktion nicht schon beim ersten Allergenkontakt ablaufen kann.

Bei erneuten Kontakten mit dem Allergen kann es dann dazu kommen, dass sich das Allergen (bei ausreichender Größe!) über zwei der IgE auf den Mastzellen bindet. Diese Überbrückung zweier IgE-Antikörper ist das Signal für die Zellen, Entzündungsmediatoren wie z. B. Histamin, Serotonin oder Leukotrien auszuschütten. Diese Sofortreaktion kann innerhalb von Minuten beginnen. Rötung, Schwellung, vermehrte Durchlässigkeit der

Bei der Herstellung hydrolisierter Diätfutter werden Futterproteine über eine künstliche enzymatische Spaltung in kleinere Bestandteile (Peptide und Aminosäuren) zerteilt. Dies soll deren Allergenität vermindern bzw. aufheben. Denn zumindest hinsichtlich der IgE-vermittelten Sofortreaktionen bedarf es ja einer gewissen Mindestgröße der Allergene, um die Verbindung zweier IgE-Antikörper auf den Mastzellen zu ermöglichen (s. Abb. unten). Inwieweit aber hierdurch auch andere als die antikörpervermittelten allergischen Mechanismen beeinflusst werden, ist ungewiss.

Mastzelldegranulation beim Zweitkontakt mit einem Allergen:

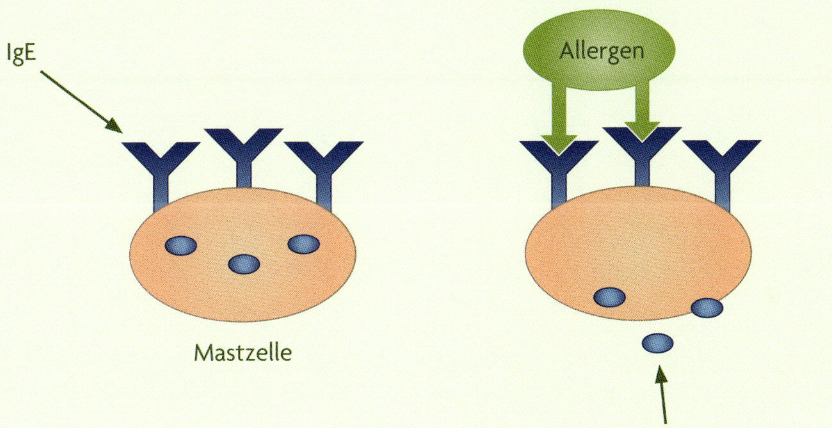

Gefäße, Stimulation von Nervenrezeptoren (Juckreiz, Schmerz) sind die Folge. Über weitere, etwas später abgegebene Mediatoren sowie andere angelockte Abwehrzellen (z. B. eosinophile Granulozyten) kann die Reaktionen auch noch über einige Stunden anhalten.

Der Intracutantest basiert auf solchen Mastzelldegranulationen. Bildet sich nach Injektion von Allergenextrakten in die Haut eine Quaddel, beweist dies eine Sensibilisierung in Form von allergenspezifischen IgE auf den Mastzellen.

Die Allergene

Futterbestandteile wie Fleisch, Milch, Gemüse oder Getreide bestehen jeweils aus Kombinationen verschiedener Nährstoffe. Deren Anteil variiert. Unter den Proteinen (Eiweiße), Kohlenhydraten (Zucker), Lipiden (Fette und Öle), Mineralstoffen, Spurenelementen und Vitaminen sind es in der Regel die Proteine, gegen die der Körper allergisch reagiert. Genauer gesagt sind es wasserlösliche Glykoproteine, Proteine mit anhängenden Kohlenhydratgruppen.

Die einzelnen Futterbestandteile bestehen aber nicht nur aus einem, sondern einer Vielzahl an Proteinen. Hunde können gegen verschiedene dieser Proteine IgE-Antikörper bilden. In Rindfleischextrakten erkannten Antikörper aus Hundeseren zum Beispiel das bovine* Immungobulin G, aber auch ein Blutprotein (Albumin) sowie ein Muskelenzym als mögliche Allergene.

Aber wie schon im vorigen Kapitel angesprochen, besagt die Bildung dieser IgE-Antikörper noch nicht, ob dies auch zu einer klinischen Erkrankung führt (klinische Relevanz). Deshalb ist es nicht möglich, vom Nachweis solcher allergenspezifischen IgE-Antikörper direkt auf eine allergische Reaktion zu schließen. Auch bei einigen klinisch gesunden Hunden finden sich solche Antikörper und bei allergischen Hunden lassen sie sich manchmal nicht nachweisen.

Untersucht man Proteine genauer, so erkennt man, dass ganz spezifische Strukturen von den Antikörpern erkannt werden. Proteine bestehen aus Aminosäuren, die aneinandergereiht sogenannte Peptide bilden, die über Querverbindungen derart angeordnet sind, dass dreidimensionale Gebilde, die Proteine, entstehen. Aus dieser räumlichen Anordnung ergeben sich einzelne Regionen (Epitope), die von Antikörpern erkannt werden können. In der Humanmedizin sind die verschiedenen Epitope schon besser untersucht. Sie bilden die Basis der Forschung, zum Beispiel bei der Untersuchung von Kreuzallergien.

Bei Kreuzallergien reagiert das Immunsystem auf ähnliche Proteine mit entsprechenden Epitopen bei unterschiedlichen Tier- oder Pflanzenarten.

Bei der Verarbeitung (z. B. Erhitzung) kann es zu Zerstörung dieser Epitope kommen, es könnten aber auch bisher im dreidimensionalen Gebilde versteckte Epitope offengelegt werden. Man kann deshalb nur schwer voraussagen, wie sich die Allergenität durch die Verarbeitung von Futter verändert. Dabei ist zu berücksichtigen, dass Futterbestandteile hitzelabile wie auch -stabile Proteine besitzen können. Wenn auch oft vermutet, muss die Verarbeitung keineswegs immer zu

* vom Rind

einer gesteigerten Allergenität führen. Manche Kinder mit Milchallergie vertragen Milch in verbackener Form. Bei den Pollenallergien des Menschen führen „kreuzreaktive" Obstsorten oft nur in roher Form zu einem oralen Allergiesyndrom. Auch der Hund mit einer Allergie gegen Zedernpollen reagierte nur auf rohe Tomaten mit Symptomen im Maulbereich.

Allerdings wird gerade an dem Beispiel der Sofortreaktionen im Mund-Rachenraum die Komplexität allergischer Vorgänge deutlich. Eine Studie[11] untersuchte Personen mit einer Birkenpollenallergie, die auf den Verzehr von „kreuzreaktiven" Obst- bzw. Gemüsesorten (Sellerie, Karotten) in der Regel mit einem oralen Allergiesyndrom und verzögert einsetzenden Hautsymptomen reagierten. Das Erhitzen der Karotten bzw. des Selleries verhinderte zwar die IgE-vermittelten Sofortreaktionen im Mund-Rachenraum, nicht aber die zellvermittelten verzögerten Hautsymptome.

Beim Aufbau der Proteine aus Aminosäuren und Peptiden werden die Peptidketten zu dreidimensionalen Gebilden angeordnet.

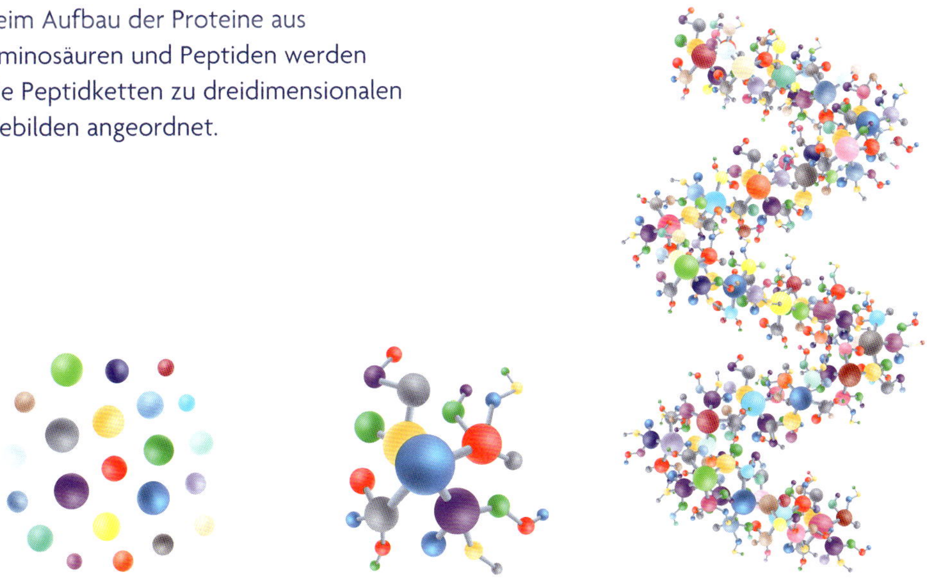

Aminosäuren Peptide Protein

Ein Faktor für die Allergenität wird in der Größe der Proteine gesehen. Die meisten Futtermittelallergene sind Proteine mit einem Molekulargewicht zwischen 10–70 kDa (Kilodalton). So wären theoretisch Proteine unter 10 kDa weniger problematisch. Es wurden aber auch schon Reaktionen gegen Proteine mit erheblich kleineren Molekulargewichten dokumentiert. So wurde von einer Studie berichtet, in der es bei einer Gruppe Kasein-allergischer Hunde nicht ausreichte, die Proteingröße durch enzymatische Aufspaltung (Hydrolyse) auf 4,5 kDa zu senken. Ein Hydrolisat mit einer maximalen Größe der entsprechenden Proteine von 1,1 kDa führte dann zu keinen allergischen Reaktionen mehr. Bei Kindern mit einer starker Kuhmilchallergie werden sogar erst Diäten mit einer Aufspaltung bis auf die Aminosäuren hinunter als nicht mehr allergen angesehen. Beim Hund sind die Grenzen noch nicht erforscht. Sie werden unter anderem von den einzelnen Proteinen und deren Epitopen abhängen.

Die Allergenquellen

Laut einer Literaturstudie[12] von 2016, die Studien an insgesamt 297 Hunden in den USA, Europa und Australien einschloss, sind die häufigsten Allergenquellen beim Hund:

Rind (34 %), Milchprodukte (17 %), Huhn (15 %), Weizen (13 %) und Lamm (13 %), mit einigem Abstand folgen dann noch Soja (6 %), Mais (4 %), Ei (4 %), Schwein (2 %), Fisch und Reis (2 %).

Dies heißt aber nicht, dass diese Quellen unbedingt allergener als andere wären! Es scheint vielmehr die Verwendung in den üblichen Futterprodukten zu repräsentieren. Weil Rind, Milchprodukte und Huhn häufig von Hunden gefressen werden, sieht man auch entsprechend viele Allergien dagegen.

Über regionale Unterschiede hinaus kommt es aber im Laufe der Zeit immer wieder zu Verschiebungen bei den hauptsächlich verwendeten Futterquellen! Hier kann auch einmal der Gang durch ein Zoofachgeschäft zusätzliche Informationen bringen. Ebenso sind die regionalen Essgewohnheiten der Menschen von Interesse, bekommen doch Hunde häufig etwas von den Speisen ab.

Hinsichtlich der oben aufgeführten Allergenquellen und Prozentzahlen ist zu berücksichtigen, dass die Diagnose einer Futtermittelallergie gegen ein einzelnes Futtermittel nicht durch einen einfachen Test, sondern in Fütterungsversuchen festgestellt werden muss (siehe Diagnose-Kapitel). So wäre es nicht verwunderlich, dass hierbei vor allem die ohnehin schon als verdächtig eingestuften Futtermittel in Provokationsversuchen ausgetestet werden. So sind weitere Allergenquellen möglicherweise noch nicht ausreichend in Provokationsversuchen getestet worden. Die aufgeführten Prozentzahlen sind dementsprechend auch von den zugrundeliegenden Studienansätzen abhängig. Darüber hinaus reagieren viele Hunde nicht nur auf ein Futterprotein. Eine Studie[13] bezifferte die durchschnittliche Zahl der Allergene mit 2,4 pro Hund.

In dieser Studie[13] reagierten 36 % der Hunde auf ein Protein, 44 % auf zwei und 20 % auf mehr als zwei Proteine (bis zu fünf).

Grundsätzlich kann jedes Futtermittel eine Allergie hervorrufen. Wenn auch der Verdacht meist auf die tierischen Produkte fällt, können Proteine aus pflanzlichen Quellen ebenso allergische Reaktionen hervorrufen. Da Proteine als Ziel der IgE-Antikörper vermittelten allergischen Reaktionen gelten, werden proteinreiche Futterquellen als riskanter eingestuft. Einige pflanzliche Futterquellen können sich diesbezüglich durchaus mit denen tierischer Herkunft messen. Vom Menschen sind Allergien gegen proteinreiche Hülsenfrüchte wie Soja oder Erdnüsse wohlbekannt. Doch auch pflanzliche Quellen mit geringerem Proteingehalt wie Kartoffeln oder Reis sind beim Hund als Auslöser einer Allergie beschrieben.

Darüber hinaus spielt die Verdaulichkeit eine Rolle. Bei schlecht verdaulichem Futter kommt es zu größeren Mengen unzureichend zerkleinerter Proteine, die bei Aufnahme über den Darm das Immunsystem zu Abwehrreaktionen stimulieren könnten.

Eine besondere Beachtung findet bisweilen das Gluten (Klebereiweiß) im Weizen und einigen anderen Getreiden. Gluten ist ein Proteingemisch aus Gliadin und Glutenin. Die krankmachenden Eigenschaften werden dem Gliadin zugesprochen.

Allergien gegen Gluten als Getreideprotein sind nicht auszuschließen. Darüber hinaus sind aber beim Menschen in Verbindung mit dem Gluten Krankheitsbilder bekannt, die nicht den Allergien zugeordnet werden. Hierbei können u.a. IgG-Antikörper gegen das Gliadin oder IgA-Antikörper gegen körpereigene Enzyme beteiligt sein. Es sind zudem nicht immer nur die Haut und der Magen-Darmtrakt betroffen. Man spricht dabei auch von Glutensensitivitäten.

Beim Hund sind im Zusammenhang mit dem Gluten lediglich beim Irish Setter und dem Border Terrier Gesundheitsstörungen dokumentiert. Beim Irish Setter wurde eine glutensensitive Enteropathie beschrieben, mit Veränderungen an der Darmschleimhaut, die denen der Zöliakie des Menschen ähneln. Antigliadin-Antikörper waren aber nicht erhöht. Glutenhaltige Futter

Bei der Zöliakie treten bei prädisponierten Menschen durch den Verzehr von glutenhaltigen Nahrungsmitteln typische Veränderungen an der Darmschleimhaut auf (z. B. Zottenatrophie* und Ansammlungen von Lymphozyten). Es werden aber nicht nur Antikörper gegen das Gliadin, sondern auch Antikörper gegen eigene Gewebsenzyme (Transglutaminasen) in der Darmschleimhaut gebildet. Deshalb wird die Zöliakie auch den Autoimmunerkrankungen zugeordnet.

* Zurückbildung der Darmzotten

führten bei den Hunden zu Durchfällen, Gewichtsverlust bzw. Wachstumsstörungen. Betroffene Tiere reagierten besonders empfindlich auf glutenhaltige Zufütterung, wenn sie schon im Welpenalter damit konfrontiert waren.

Bei Border Terriern ist die „Paroxysmale Gluten-sensitive Dyskinesie" (PGSD) beschrieben, die anfallartige Bewegungsstörungen bei erhaltenem Bewusstsein hervorruft. Bei betroffenen Tieren brachte eine glutenfreie Fütterung nicht nur eine Besserung der Symptome, sondern auch eine Senkung der Antikörperspiegel gegen Gliadin und Gewebsenzyme. Dies alles betrifft aber eben nur einen Teil der Hunde der zwei Rassen. Gluten besitzt beim Hund nach jetzigem Wissenstand nicht die Bedeutung, die es beim Menschen innehat.

Fette und Öle gelten nicht als allergen. Trotzdem können hier je nach Verarbeitung noch Proteine enthalten sein. Auf Pflanzenöl-Flaschen findet man zum Teil entsprechende Hinweise auf Restproteine. Ähnliches gilt für tierische Fette, von denen bei Eliminationsdiäten häufig abgeraten wird.

In Hundeseren wurden zwar schon IgE-Antikörper gegen Kohlenhydrate gefunden. Diesen wird aber bisher keine klinische Relevanz zugesprochen.

Beim Menschen ist hingegen eine Allergie gegen Kohlenhydrate bekannt, die Allergie gegen „rotes Fleisch". Diese Allergie richtet sich gegen ein Kohlenhydrat (Galctose-alpha-1,3-galactose), das außer den Primaten alle Säugetiere besitzen. Dementsprechend reagieren betroffene Menschen gegen jedes Säugetierfleisch. Interessanterweise kam es in Gebieten der USA mit hoher Zeckendichte zu einem vermehrten Auftreten dieser Allergie. Man fand schließlich heraus, dass einige Zeckenarten dieses Kohlenhydrat in ihrem Speichel aufweisen und so zu einer Sensibilisierung beigetragen haben könnten.

Auch wenn eine Allergie gegen dieses Kohlenhydrat beim Hund nicht möglich wäre, gehört es doch zu seinem eigenen Gewebe. Es zeigt aber, wie vielgestaltig allergische Erkrankungen sein können. Möglicherweise findet man auch beim Hund noch ähnlich ungewöhnliche Allergene oder Sensibilisierungsrouten.

Futterwegweiser

Angesichts des stetig wachsenden Angebotes an Futterprodukten für „futtersensible“ Hunde ist es nicht leicht, den Überblick zu behalten. Worauf soll man achten, welche Bezeichnung verspricht ein geeignetes Futter: Hypoallergen, Single-Protein, getreidefrei, hydrolisiert oder ganz unverarbeitet als BARF-Ration?

Hinsichtlich der Deklaration bestehen einige gesetzliche Vorgaben. Wichtig ist zuerst einmal die Unterscheidung in **Allein- oder Ergänzungsfutter**. Alleinfutter müssen den gesamten täglichen Bedarf an Nährstoffen abdecken, Ergänzungsfutter bedürfen zur Ausgewogenheit noch der Zugabe von Nährstoffen.

Unter den **Inhaltsstoffen/analytischen Bestandteilen** werden nach dem Prinzip der sogenannten Weender Futteranalyse festgestellten Anteile der einzelnen Nährstoffgruppen angegeben: Rohprotein, Rohfett, Rohfaser und Rohasche (anorganische Stoffe wie Mineralien). Der Kohlenhydratanteil muss anhand dieser Werte selbst berechnet werden. Diese Werte sagen aber noch nichts über die Qualität und Verdaulichkeit aus. Und gerade der Verdaulichkeit der Proteine wird ja ein Einfluss auf die immunogene Wirkung nachgesagt.

Unter der **Zusammensetzung** werden die Inhaltsstoffe in absteigender Reihenfolge gemäß ihrer Gewichtsanteile aufgeführt. Und dies darf in Form in Sammelbezeichnungen wie „Fleisch und tierische Nebenerzeugnisse“ oder als Auflistung der einzelnen Futterbestandteile geschehen. Aus

allergologischer Sicht ist dies die wichtigste Rubrik. Unabhängig davon, welche ersten Eindrücke man beim Lesen der Produktbeschreibungen oder durch das Layout der Verpackungen gewinnt, die Zusammensetzungsliste ist das entscheidende Kriterium für die Beurteilung. Leider ist sie manches Mal im wahrsten Sinne des Wortes das Kleingedruckte.

Unter den **Zusatzstoffen** findet man ernährungsphysiologische (Vitamine, Spurenelemente und Aminosäuren), sensorische (Aroma- und Farbstoffe) und technologische Zusätze (Antioxydantien, Konservierungsstoffe, Gelier- und Bindemittel). Über die allergene Wirkung von Zusatzstoffen ist beim Hund nur wenig bekannt. Zuweilen wird vermutet, dass sie, obwohl selbst nicht immunogen, in Verbindung mit Proteinen zu Komplexen werden, die vom Immunsystem erkannt werden können. Auch Unverträglichkeiten sind nicht auszuschließen.

Die Herausstellung einzelner Tierarten und Kohlenhydratquellen in Bild und Schrift, evtl. auch im Futternamen, erspart nicht den Blick auf die Zusammensetzungsliste. So bedeutet ein „reich an Truthahn und Reis" noch nicht, dass dies die einzigen oder gar überwiegenden Fleisch- und Kohlenhydratquellen sind.

Hinter dem Begriff „Fleisch und tierische Nebenerzeugnisse" können sich die verschiedensten Tierarten verbergen. Werden bestimmte tierische Quellen herausgehoben, z. B. „mit Huhn", findet man deren Anteil in Klammern dahinter. Wie sich die restlichen Anteile zusammensetzen, erfährt man aber nicht. Begriffe wie tierisches Protein, tierisches Fett, pflanzliche Nebenerzeugnisse, Öle und Fette, Getreide, Gemüse und pflanzliches Eiweißextrakte lassen keinen Rückschluss auf die genaue Herkunft zu. Und sie eröffnen die Möglichkeit, die Quellen zu wechseln.

Diätfuttermittel („Futtermittel für besondere Ernährungszwecke") sollen sich aufgrund ihrer besonderen Zusammensetzung oder des Herstellungsverfahrens eindeutig von gängigen Futtermitteln unterscheiden. Bei Futtermittelallergien bzw. -unverträglichkeiten wird dies durch Beschränkung auf den Einsatz weniger und dazu noch hochverdaulicher, ungewöhnlicher Nahrungskomponenten versucht. Auch die Hydrolyse von Inhaltsstoffen zählt hierzu.

Ein Blick in die Produktbeschreibung verrät, wie der Hersteller glaubt, diesem besonderen Ernährungszweck gerecht zu werden, warum er sein Futter zum Beispiel als hypoallergen bezeichnet. Da diese Begriffe nicht gesetzlich definiert sind, kann die Produktbeschreibung schon den einen oder anderen interessanten Hinweis geben.

„hypoallergen“

Hier wird häufig darauf verwiesen, dass bei der verwendeten Fleischsorte oder Kohlenhydratquelle keine oder nur wenige Allergien bekannt sind. Dies mag auf die Hundepopulation bezogen zwar stimmen. Da es aber bisher keine Belege für eine unterschiedliche Allergenität von Futterquellen beim Hund gibt, scheint es eher mit der geringeren Verbreitung dieser Futtermittel zusammenzuhängen. Das muss nicht heißen, dass es sich nicht um ein gutes, geeignetes Futter handelt. Bei unbekannter Futterhistorie des Hundes kann es durchaus von Vorteil sein, solch eine Quelle zu wählen. Nicht weil sie weniger allergen, sondern weil sie nicht in den üblichen Produkten enthalten ist. Somit fällt die Gefahr geringer aus, dass sie der Hund schon regelmäßig gefressen hat. Wurde der Hund aber schon damit gefüttert, kann man nach jetzigem Wissenstand nicht von einem „wenig(er) allergenen“ Futterbestandteil ausgehen. Folglich sollte man sich von solch einem Futter auch keinen präventiven Effekt erhoffen (vgl. hydrolisierte Futter).

Eine hohe Verdaulichkeit hingegen kann schon als eine Maßnahme zur Verringerung der Allergenität angesehen werden, weil auf diese Weise weniger unverdaute, d. h. größere Proteinstücke aufgenommen werden. Einer Studie[14] zufolge soll die Verarbeitung von Mais zur Maistärke zur Senkung der Allergenität beitragen können. Und ganz allgemein ist das Risiko für Futtermittelreaktionen natürlich umso geringer, je weniger Komponenten ein Futter enthält.

„getreidefrei"

Diese Bezeichnung hat sich fast schon zu einer Art Gütesiegel entwickelt. Doch warum sollte Getreide schädlich für Hunde sein?

Ist es an die Glutenproblematik beim Menschen angelehnt? Da glutenbedingte Gesundheitsstörungen bisher nur bei Hunden der Rassen Irish Setter und Border Terrier beschrieben wurden* (s. S. 60) und Gluten nicht in allen Getreiden vorkommt, wäre dies noch keine Rechtfertigung für die Verbannung allen Getreides.

* Unabhängig dieser rassespezifischen Glutensensivitäten kann aber grundsätzlich eine allergische Reaktion gegen Gluten als eines der Getreideproteine nicht ausgeschlossen werden.

Oder hat es mit der häufig vermuteten mangelnden Stärkeverdauung beim Hund zu tun? Mittlerweile ist nachgewiesen, dass sich der Hund längst an die Essgewohnheiten des Menschen und damit auch der Verwertung der Stärke angepasst hat.

Oder liegt es daran, dass Weizen zu den häufigen Allergieauslösern gezählt wird? Hier gilt aber das Gleiche wie oben bei „hypoallergen" geschildert. Die Futterhistorie ist ausschlaggebend. Bei Unsicherheit diesbezüglich sollte man alles meiden, was häufig in den Produkten vorkommt. Dann wäre aber „rindfleischfrei" oder „hühnerfrei" ebenso passend, sind Allergien hierauf sogar noch häufiger.

Für eine pauschale Abwertung aller Getreidesorten gibt es aus allergologischer Sicht keinen plausiblen Grund.

„hydrolisiert“

Auf dem Wege zu einem hypoallergenen, also wenig(er) allergenen Futter wurde mit der Hydrolyse von Futterproteinen ein neuer Ansatz geschaffen. Durch dieses Verfahren der enzymatischen Aufspaltung von Proteinen hätte man im besten Fall ein derart zerkleinertes und strukturverändertes Futterprotein, dass das Immunsystem es nicht mehr erkennen bzw. die allergische Reaktionskette unterbrochen würde. Dies würde eine Unabhängigkeit von der häufig schwer nachvollziehbaren Futterhistorie ermöglichen. Diese Futter mit hydrolisierten Proteinen könnten dann auch präventiv eingesetzt werden, um die Ausbildung einer Allergie zu verhindern.

Das Angebot an hydrolisierten Futtern ist noch nicht allzu groß und es dominieren die partiell hydrolysierten Diäten. In verschiedenen Studien kam es doch zu Reaktionen einiger Hunden, die gegen die Quelle der hydrolysierten Komponente allergisch waren. Hier könnten Unterschiede im Hydrolysegrad, der Herkunft der hydrolisierten Proteine und den weiteren Bestandteilen eine Rolle spielen. Aufgrund der Studien wird ein hoher Anteil an Proteinen mit möglichst kleinem Molekulargewicht empfohlen. Die höchste Stufe bildet bisher eine Diät mit einem Anteil von 95 % Proteinen unter 1 kDa und 88 % freier Aminosäuren und Oligopeptide (kurze Peptide). Je kleiner allerdings die Proteinfragmente sind, desto bitterer wird der Geschmack. Damit die Hunde das Futter dennoch gerne fressen, können Geschmacksstoffe notwendig werden, die natürlich kein zusätzliches allergisches Risiko schaffen sollten.

„Single-Protein“

Durch Beschränkung auf eine Proteinquelle lässt sich natürlich das allgemeine Allergierisiko senken. Leider beziehen einige Hersteller dies nur auf die verwendete Fleischsorte. Deshalb ist es wichtig, sich genau über die einzelnen Futterkomponenten unter der Rubrik „Zusammensetzung“ zu informieren. Proteine sind ja nicht nur in tierischen Quellen enthalten. Möglicherweise finden sich einige Kohlenydratquellen, die bei dem Hund schon vorher auf seinem Futterplan standen und dementsprechend ein Risiko darstellen. Tatsächlich werden Futter für allergische oder allergiegefährdete Hunde angeboten, die zwar nur eine tierische Proteinquelle, dafür aber gleich eine so hohe Anzahl an ungewöhnlichen Kohlenhydratquellen beinhalten, dass es im Falle einer notwendig werdenden Eliminationsdiät schwierig werden dürfte, eine neue Kohlenhydratquelle zu finden. Im Sinne einer Vorsorge sollte man sich lieber einige ungewöhnliche Protein- und Kohlenhydratquellen aufsparen, damit man notfalls noch einige Kandidaten für eine Eliminationsdiät zur Verfügung hat.

„für Allergiker geeignet“, „für Eliminationsdiäten geeignet“

Hier sollte man sich genauer die Zielrichtung der Diäten anschauen. Es ist ein Unterschied, ob ich für die Eliminationsdiät auch den kleinsten Störfaktor ausschließen muss oder ob ich nach abgeschlossener Diagnose ein Futter für die dauerhafte Versorgung des Hundes suche. Hier geht es ja nicht mehr um die grundsätzliche Frage, ob Futter der Auslöser der Beschwerden ist. So kann ein Allergiker z. B. dauerhaft von der Zugabe von Lachsöl mit seinen Omega-3-Fettsäuren profitieren, die bei einer Eliminationsdiät nicht nur wegen der Gefahr von Restproteinen, sondern auch wegen möglicher Verfälschung der Ergebnisse durch die entzündungshemmenden Eigenschaften umstritten ist.
Sicher gibt es nicht das eine für alle Allergiker geeignete Futter. Man sollte schon die Bestandteile gemäß den Ergebnissen der Fütterungsversuche ganz individuell aussuchen. Mit diesen Informationen und dem Wissen um die Bedeutung der Futterbezeichnungen wird die Erfolgsrate wesentlich erhöht. Und man kann ja auf ein ständig wachsendes Angebot an verschiedenen Futtern mit limitierten, ungewöhnlichen Inhaltstoffen zurückgreifen.

Bei Bella lag die Schwierigkeit bei der Suche nach einer passenden Eliminationsdiät nicht wie gewöhnlich an der Proteinquelle. In ihrem alten Trockenfutter waren schon so viele ungewöhnliche Kohlenhydratquellen (Süßkartoffel, Pastinake, Kürbis, Topinambur, ...) enthalten, dass man schon etwas länger suchen musste, um ein kommerzielles Futter mit einer alternativen Kohlenhydratquelle zu finden. Die Lösung lag dann in einer Känguru/Okra-Kombination.

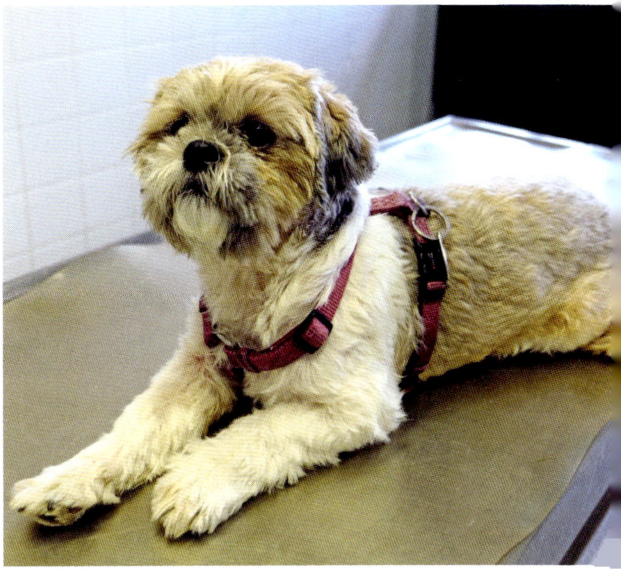

Kommerzielle BARF-Menüs

Die Rohfütterung in Form des Barfens (BARF = „bones and raw foods" bzw. „biologically appropiate raw food") erfreut sich zunehmender Beliebtheit. Dementsprechend werden auch zahlreiche „BARF-Menüs" angeboten, so dass sich der Hundehalter die einzelnen Komponenten nicht selbst zusammenstellen muss.

In diesem Buch soll nicht auf die ernährungsphysiologischen Aspekte einer Rohfütterung eingegangen werden. Aus allergologischer Sicht ist aber festzuhalten, dass es keinerlei wissenschaftliche Belege dafür gibt, dass die Rohfütterung vor der Entwicklung von Futtermittelallergien schützt. In meiner Sprechstunde erlebe ich es aber immer wieder, dass gerade aus diesem Grunde aufs Barfen umgestiegen wird. Der Einfluss der Verarbeitung von Futtermitteln auf deren Allergenität ist von so vielen Faktoren abhängig, dass man nicht pauschal von einer Steigerung ausgehen kann (s. S. 56).

Schwerwiegender als die falsche Erwartungshaltung ist aber die nicht zu unterschätzende Infektionsgefahr durch die Rohfütterung. Eine Studie von 2019 des Instituts für Lebensmittelsicherheit und Hygiene der Vetsuisse Fakultät der Universität Zürich[15] fand bei der Untersuchung von 51 kommerziellen BARF-Menüs in 3,9 % Salmonellen und in 62,7 % antibiotikaresistente Keime. Auch wenn vielleicht die Keime den Hunden selbst erst einmal nicht schaden, so stellen sie doch eine Infektionsquelle für die Menschen dar. Hunde können zu symptomlosen Ausscheidern werden, wie es in Studien[16] anhand der Salmonellen gezeigt wurde.

Allergieprävention durch Auswahl des Futters?

Hier soll nicht auf die ernährungsphysiologischen Aspekte der verschiedenen Futtersorten und -arten eingegangen werden. Hierfür gibt es spezielle Literatur und die entsprechende Beratung gehört in die Hände der tierärztlichen Ernährungsexperten/innen. Auf die speziellen Anforderungen einer Eliminationsdiät wird später noch ausführlich eingegangen.

Was lässt sich also mit Auswahl des Futters im Hinblick auf eine Allergievorsorge wirklich tun? Garantiert die Auswahl bestimmter Inhaltsstoffe oder der Art des Futters ein geringeres Allergiepotential?

Bisher gibt es keine Belege dafür, dass einzelne Futterbestandteile ein größeres Allergiepotential als andere besäßen. Grundsätzlich können Hunde gegen jedes Futtermittel eine Allergie entwickeln. Und dies betrifft auch pflanzliche Nahrungsquellen, weshalb auch bei vegetarischem oder veganem Futter allergische Reaktionen nicht von vorneherein ausgeschlossen sind. Aus einer geringen Verbreitung von Allergien gegen einen Futterbestandteil lässt sich nach jetzigem Wissenstand nicht schließen, dass dieser weniger allergen, weniger „gefährlich" wäre. Vielmehr scheint es daran zu liegen, dass er bisher noch nicht so häufig in Futterprodukten vorkommt und deshalb von weniger Hunden gefressen wurde. In dieser Hinsicht hilft auch das Label „getreidefrei" nicht weiter.

Ein Faktor für die Allergenität soll in der Größe der Futterproteine liegen. Gut verdaute, d.h. ausreichend zerkleinerte Futterproteine führen demnach nicht zu Abwehrreaktionen des Immunsystems. So könnten hochwertige, gut verdauliche Futterbestandteile zu einer „Hypoallergenität" beitragen. Hierauf sollte man also bei der Futterauswahl achten. Eine Deklaration „Fleisch und tierische Nebenerzeugnisse" gibt aber keinen Aufschluss darüber, wie hoch der Anteil an schlechter verdaulichen Proteinquellen wie z.B. Knorpel oder Sehnen ist.

Durch die Hydrolyse von Futterbestandteilen, einem künstlichen Verfahren zur enzymatischen Aufspaltung der Futterproteine, ahmt man die Verdauungsvorgänge nach. Im besten Fall wäre dann das Futter frei von potentiellen Allergenen, da die zerkleinerten Proteine das Immunsystem nicht mehr zu allergischen Reaktionen anregen würden. Zwischen den verfügbaren Produkten mit hydrolisierten Bestandteilen bestehen aber einige Unterschiede hinsichtlich Hydrolysegrad und den weiteren Komponenten, weshalb das Label „hydrolisiert" allein noch kein Erfolgsgarant ist.

Die Diskussion über Vor- und Nachteile der verschiedenen Fütterungsarten – ob roh, selbst zubereitet (gekocht) oder kommerzielles Trocken- bzw. Feuchtfutter –

wird häufig sehr emotional geführt. Ganz nüchtern und unter allergologischen Gesichtspunkten betrachtet, lässt sich aber kaum eine pauschale Wertung vornehmen. Bisweilen wird hinter der steigenden Anzahl von Futtermittelallergien das industriell hergestellte Futter als Ursache vermutet. Es lässt sich aber nur schwer vorhersagen, wie sich im einzelnen Fall die Verarbeitungsprozesse auf die Proteine des einzelnen Nahrungsbestandteils allein oder in Kombination mit anderen Inhaltsstoffen auswirken. Zudem bestehen natürlich große Unterschiede in Zusammensetzung, Qualität und Verarbeitung zwischen den einzelnen kommerziellen Futterprodukten.

Die Verarbeitung muss auch nicht immer von Nachteil sein. Der Verarbeitung von Mais zur Maisstärke wird ein positiver Effekt zugesprochen. Die oben erwähnte Hydrolyse ist ein weiteres Beispiel hierfür. Das Erhitzen von Nahrungsmitteln kann die Allergenität senken, wie zahlreiche Beispiele belegen. Somit mag die Rohfütterung zwar natürlicher sein, sie bietet aber per se kein geringeres Allergierisiko.

Andererseits gab es die Beobachtung, dass allergische Hunde auf kommerzielle Futtermittel reagierten, obwohl sie die Inhaltsstoffe als selbstzubereitete Diät vertrugen. Hier könnten industrielle Verarbeitungsprozesse, Zusatzstoffe oder auch Kontaminationen mit Fremdproteinen eine Rolle gespielt haben.

Natürlich bietet die Selbstzubereitung einige Vorteile. Man bestimmt selbst, was und in welcher Qualität ins Futter kommt. Und man schließt von vorneherein Reaktionen auf Zusatzstoffe und mögliche nachteilige Veränderungen aufgrund der industriellen Verarbeitung aus. Hinsichtlich der Zusatzstoffe gibt es zwar beim Hund bisher keine Belege für allergische Reaktionen. Beim Menschen sind aber Allergien bzw. Unverträglichkeiten bekannt.

Bei selbst zubereitetem Futter, egal ob roh oder gekocht, ist eine Rationsberechnung durch tierärztliche Ernährungsexperten/innen zu empfehlen, damit es auf Dauer nicht zu einer Unter- oder auch Überversorgung mit einzelnen Nährstoffen kommt.

Um beurteilen zu können, ob bestimmte Fütterungsarten wirklich besser im Hinblick auf eine Allergieprävention sind, bedarf es noch entsprechender Studien. Hier könnte man auch weitere Fragen erörtern, z. B. ob das Durchwechseln verschiedener Futtermittelsorten einen präventiven Effekt haben könnte oder eher schadet. Hinsichtlich der so beliebten Abwechslung im Hundenapf lässt sich zumindest der Rat geben, sich für den Fall, dass einmal eine Eliminationsdiät notwendig werden sollte, ein paar ungewöhnliche Protein- und Kohlenhydratquellen aufzusparen.

5. Der schwierige Weg zur Diagnose

Der Wunsch nach einem einfachen Test zum Nachweis von Futtermittelallergien hat zur Entwicklung zahlreicher Testverfahren geführt:

Nachweis verschiedener Antikörper (IgE, IGg, IgM, IgA) im Blut, im Kot oder Speichel; Untersuchung hinsichtlich der Stimulierbarkeit von Lymphozyten im Blut (Lymphozytentransformationstest); Untersuchungen direkt an der Haut, wie die Injektion von Antigenlösungen in die Haut (Intracutantest) oder das Auftragen von Futterbestandteilen auf die Haut (Patchtest); Untersuchungen von Haarproben; Prüfung der Reaktion auf Futtermittel unmittelbar an der Darm- oder Magenschleimhaut.

Enttäuschendes Fazit: Kein Test erwies sich als praktikables Werkzeug zum sicheren Nachweis einer Futtermittelallergie.

Studien zufolge zeigten die Tests eine zu hohe Anzahl an falsch positiven wie auch negativen Resultaten, eine mangelnde Reproduzierbarkeit, waren zu aufwendig oder nicht zur Marktreife weiterentwickelt worden. Haar- und Speicheltests ergaben auch schon einmal bei Wasser- und Kunsthaarproben ähnliche Egebnisse wie bei echten Haar- und Speichelproben.

Trotz der Studienlage werden Tests auf allergenspezifische IgE im Blut immer noch zum Nachweis einer Futtermittelallergie eingesetzt bzw. als sichere Nachweismethode missverstanden. In meiner Sprechstunde werden ich öfter mit Besitzern konfrontiert, die mir die Ergebnisse solcher Tests (manchmal sogar in Form von Allergiepässen) präsentieren, doch frustriert darüber sind, dass es keine Besserung gab, obwohl sie sich strikt daran gehalten hätten.

Bei den üblichen Blutscreenings finden sich hinsichtlich allergischer Erkrankungen keine spezifischen Veränderungen. Lediglich eine Fraktion der weißen Blutkörperchen, die eosinophilen Granulozyten, kann, muss aber nicht erhöht sein. Da diese Zellen z. B. auch bei Parasitosen vermehrt auftreten können, bieten sie keinen geeigneten Anhaltspunkt. Ebenso ist beim Hund die Bestimmung der Gesamtkonzentration an IgE-Antikörpern hinsichtlich eines allergischen Geschehens nicht aussagekräftig.

Und selbst mit einer Gewebeprobe (Biopsie) lässt sich keine Allergiediagnose stellen, weil die Gewebeveränderungen zu unspezifisch sind. Biopsien in diesem Zusammenhang machen nur

Ein sicher seltener, aber eindrucksvoller Fall ist Mona, eine junge Colliehündin, die vom Welpenalter an immer wieder mit Erbrechen, Inappetenz, mangelnder Zunahme und zurückgebliebener körperlicher Entwicklung auffiel. Der Besitzer verließ sich im guten Glauben auf die durch einen solchen Bluttest gestellte Diagnose Futtermittelallergie und versuchte verzweifelt, mit zu dem Testergebnis passenden „hypoallergenen" Futterprodukten eine Besserung zu erreichen. Letztendlich stellte sich bei kritischer Hinterfragung der Diagnose heraus, dass Mona an einer Verengung im Darmkanal litt, die sich dann sogar zu einem Darmverschluss gesteigert hatte und operativ entfernt werden musste. Heute ist sie wohlauf, ganz ohne unnötige Einschränkung in der Futterwahl.

Die klinische Überprüfung der Reaktion auf eine über 8 bis 12 Wochen verabreichte Eliminationsdiät gilt als das einzig verlässliche und praxistaugliche Testverfahren zum Nachweis einer Futtermittelallergie.

Sinn, wenn man andere Erkrankungen wie zum Beispiel autoimmunologische Prozesse ausschließen möchte.

So gilt bis heute die klinische Überprüfung der Reaktion des Organismus auf eine spezielle, über 8 bis 12 Wochen verabreichte Testdiät, der Eliminationsdiät, als das einzig verlässliche und praxistaugliche Testverfahren zum Nachweis einer Futtermittelallergie.

Nun einfach verschiedene „hypoallergene" Futter auszuprobieren, führt aber nur selten zum Ziel. Das liegt zu einem daran, dass sogenannte „hypoallergene" Futter nicht unbedingt auch hypoallergen für den betreffenden Hund sein müssen (s. S. 61). Zum anderen sind rund um die Eliminationsdiät vielerlei Dinge wie z. B. Sekundärinfektionen zu beachten, damit es nicht zu Fehlinterpretationen kommt.

Mangels einfacher Labortests sind Hundebesitzer bei Futtermittelallergien schon bei der Diagnostik eng mit eingebunden. Die Abbruchraten bei Eliminationsdiäten sind recht hoch, werden in der Literatur auch schon einmal mit zu 37 % angegeben. Durch eine gute Information der Hundehalter lassen sich diese deutlich senken. Deshalb wird in diesem Kapitel so ausführlich auf den langen Weg der Diagnostik mit all seinen Stolpersteinen eingegangen. Nur mit einer guten Zusammenarbeit zwischen Tierbesitzer und Tierarzt gelangt man zu verwertbaren Ergebnissen.

Über eine Blutprobe lässt sich keine Allergie-Diagnose stellen. Sie kann aber zum Ausschluss von Differentialdiagnosen (z. B. Schilddrüsenunterfunktion) hilfreich sein.

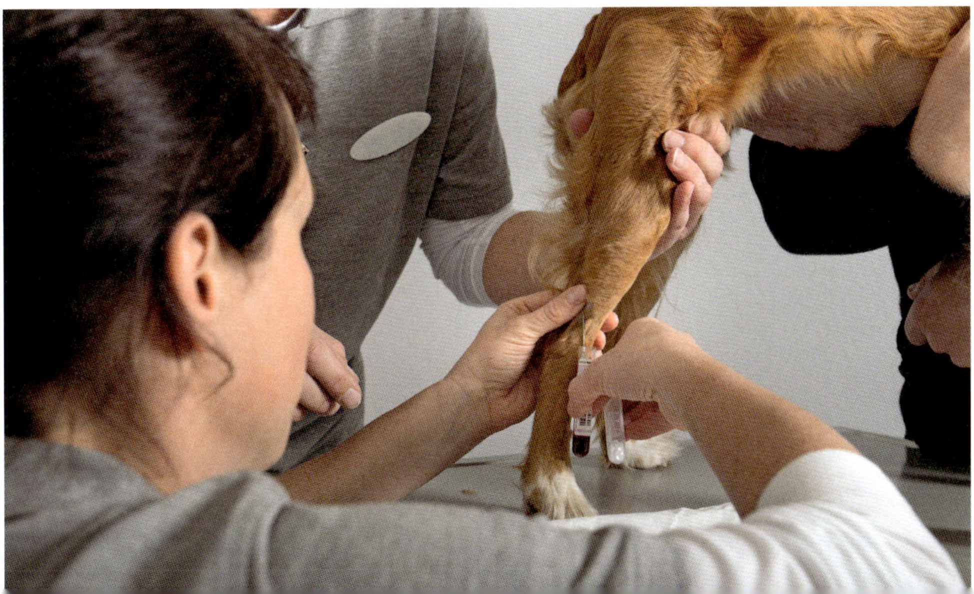

Prinzip des Diagnoseweges

Als erstes sollte man einmal überprüfen lassen, ob für die Symptome des Hundes nicht andere Erkrankungen infrage kommen. Nicht alles, was juckt, ist gleich eine Allergie, nicht jede Magen-Darmstörung durchs Futter bedingt!

Und nur selten gibt es ganz klar erkennbare Zusammenhänge, wie zum Beispiel, dass Juckreiz immer dann einsetzt, wenn es kurz zuvor ein Rindfleisch-Leckerchen gab. Verzögerte Reaktionen erschweren häufig die direkte Verknüpfung zum Futter als Auslöser, und selbst wenn es doch gelingt, lässt sich bei der Vielzahl an Zutaten der heutigen Produkte nicht sofort ein einzelner Bestandteil als Verdächtiger festmachen.

Eigentlich unterscheidet sich der Diagnoseweg bei Allergien nicht grundsätzlich von dem anderer Erkrankungen. Als erstes wird der Tierarzt die Krankengeschichte (Anamnese) aufnehmen und dann den Hund auf Krankheitsanzeichen untersuchen. Als zweites erstellt er eine Liste mit all den Erkrankungen, die zu Krankengeschichte und Symptomen passen. Diese sogenannten Differentialdiagnosen werden dann nacheinander überprüft, bis man zur zutreffenden Diagnose gelangt.

Bei Allergieverdacht rückt diese ans Ende der Differentialdiagnosen-Liste, da der Nachweis bei den Futtermitteln ja recht zeitaufwendig und doch mit einigen Unwägbarkeiten behaftet ist. Und es wäre töricht, eine wochenlange Eliminationsdiät zu beginnen, wenn es evtl. nur an einer einfach zu diagnostizierenden und therapierbaren Milbenerkrankung läge.

Dieses Ausschlussprinzip findet bei den Allergien gegen Umweltallergene seine Reinform, denn hierfür existiert überhaupt kein beweisender Test. Umweltallergene wie Hausstaubmilben oder Pollen lassen sich ja nicht wie Futterbestandteile einfach testweise entfernen. Die Diagnose Allergie gegen Umweltallergene wird dementsprechend nur durch den Ausschluss aller sonstig infrage kommenden Erkrankungen einschließlich der Futtermittelallergie gestellt.

Wenn nach Ausschluss aller Differenzialdiagnosen nur noch eine Futtermittelallergie oder eine nichtsaisonale Umweltallergie übrigbleiben, wird zu deren Differenzierung eine Eliminationsdiät eingeleitet. Verschwinden unter dieser Diät die Symptome, so erhärtet sich zwar der Verdacht, dass etwas im

Auch bei der Allergie gegen Umweltallergene werden Methoden wie der serologische Nachweis von allergenspezifischen Antikörpern (IgE) oder der Intracutantest nicht zur Diagnosestellung eingesetzt. Sie sind eher hinsichtlich der Therapie von Interesse. Plant man nach der klinisch gestellten Diagnose einer Umweltallergie eine Hyposensibilisierung (allergenspezifische Immuntherapie), braucht man einen Anhaltspunkt, welche Allergene die Lösung enthalten soll. Und dann nimmt man diejenigen, die im Test reagiert haben, wohl wissend um die Problematik von falsch positiven wie auch negativen Resultaten solcher Tests.

alten Futter die Beschwerden ausgelöst haben könnte. Aber ein Beweis ist dies noch nicht. Parallel zur Eliminationsdiät könnten sich Umweltbedingungen verändert haben, Umweltallergene wie Pollen verschwunden oder eine trotz aller Sorgfalt unbemerkt gebliebene zusätzliche Erkrankung abgeheilt sein. Deshalb ist zur Diagnosesicherung eine Provokation mit dem alten Futter notwendig. Erst wenn unter diesem Futter wieder die gleichen, ursprünglichen Symptome auftreten und das anschließende Füttern der Eliminationsdiät erneut Besserung bringt, kann man vom Futter als Auslöser ausgehen.

Für die Diagnose einer Allergie gegen Futter- oder Umweltallergene stehen bis heute keine wissenschaftlich gesicherten und routinemäßig einsetzbaren Tests zur Verfügung! Und dies gilt nicht nur für die im Text erwähnten „schulmedizinischen" Ansätze. Von den Kosten einmal ganz abgesehen, wiegen sie einen in trügerischer Sicherheit und führen nicht selten zu Frustration, wenn die auf deren Ergebnissen basierenden Diäten nicht weiterhelfen.
Die Diagnose der Allergien gegen Umwelt- und Futterallergene wird nach dem Prinzip einer klinischen Ausschlussdiagnostik gewonnen. Erst durch den Ausschluss aller anderen Erkrankungen, die gleiche Symptome und Krankheitsverläufe hervorrufen können, gelangt man zu der Diagnose dieser Allergien. Über eine Eliminationsdiät wird dann geprüft, ob es sich um eine Allergie gegen Futtermittel- oder (nichtsaisonale) Umweltallergene handelt. Denn beide lassen sich nicht anhand der Symptomatik unterscheiden.

Mehrstufiger Diagnoseweg der Futtermittelallergie

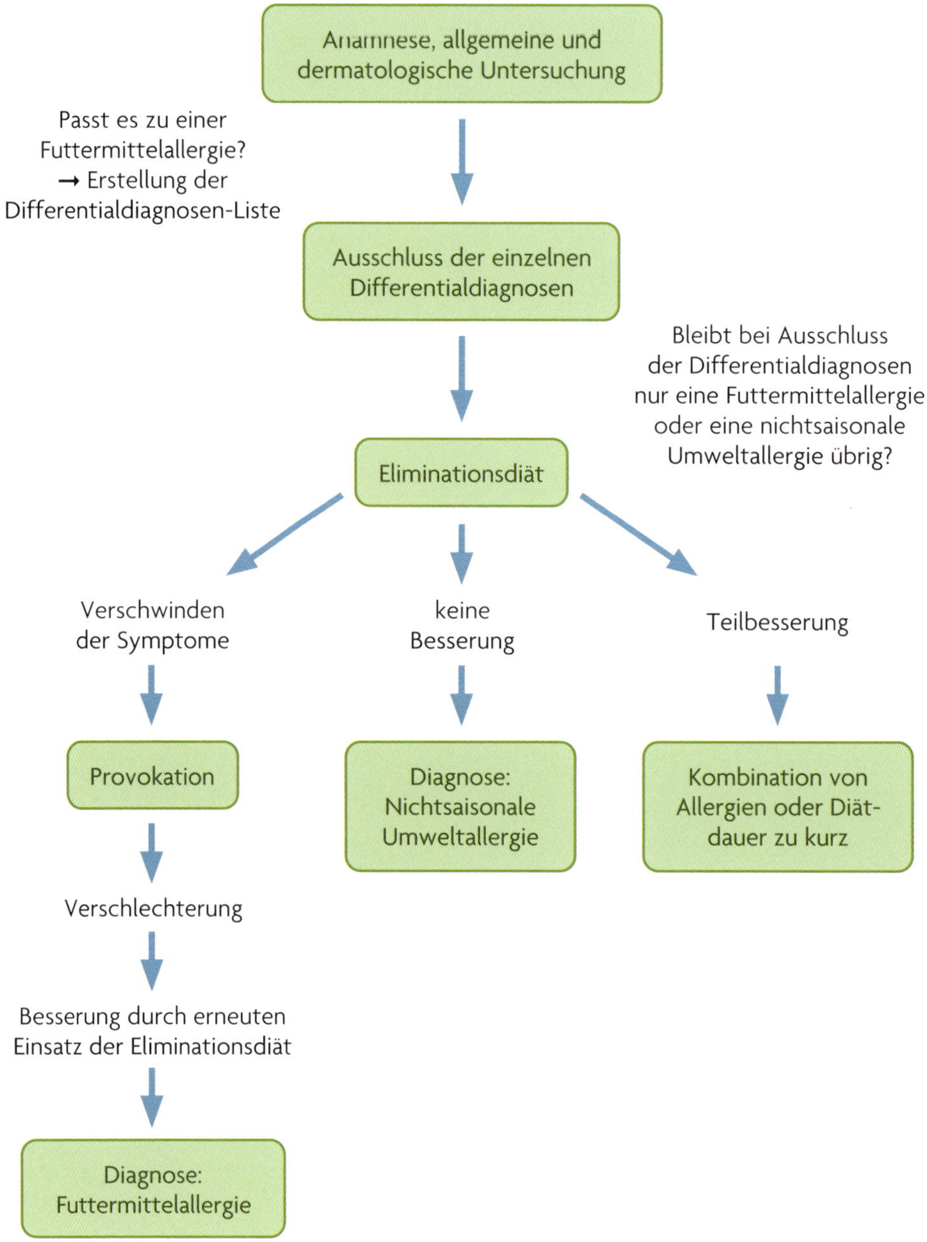

Praktischer Ablauf

Erstgespräch

In der Regel werden Hunde mit der Fragestellung in der Sprechstunde vorgestellt, ob deren Symptome wie Juckreiz, rezidivierende Hautinfektionen oder chronische Ohrenentzündungen allergische Ursachen haben könnten. Die Überprüfung auf allergische Ursachen lässt sich aber nicht innerhalb der normalen Sprechstunde erledigen. Allein schon die Aufnahme der oft umfangreichen Krankengeschichten nimmt einige Zeit in Anspruch. Deshalb läuft ein Erstgespräch selten unter einer Stunde ab. Man sollte also etwas Zeit für das Erstgespräch mitbringen.

Aufnahme der Krankengeschichte (Anamnese)

Die Anamnese ist ein wichtiger Teil auf dem Weg zur richtigen Diagnose. Deswegen wird erst mal viel gesprochen, bevor es mit der Untersuchung des Hundes losgeht. Eine der zentralen Fragen ist die nach der Saisonalität. Treten die Beschwerden nur in bestimmten Jahreszeiten, vorzugsweise in den Sommermonaten auf, ist eine Futtermittelallergie unwahrscheinlich. Es sei denn, dass jahreszeitlich unterschiedlich gefüttert wird, z. B. saisonales Gemüse ergänzt wird. Bei jungen Hunden im ersten Lebensjahr, einer Zeit, in der

In seinem Alter reicht die Anamnese noch nicht weit genug zurück, als dass sie Hinweise auf die Ursache einer Allergie geben könnte. Besonders zu dieser Jahreszeit, in der alles blüht und sprießt, wäre auch der Beginn einer saisonalen Allergie gegen Umweltallergene möglich.

ja durchaus mit der Entwicklung einer Futtermittelallergie zu rechnen ist, muss man erst einmal ohne diese wichtige Information auskommen.
Dies führt dann zwangsläufig zu einer längeren Differentialdiagnosen-Liste.

Insbesondere, wenn die Erkrankungen an der Haut schon längere Zeit bestehen, wird das ursprüngliche Krankheitsbild leicht durch sekundäre Veränderungen überdeckt. Durch das intensive Belecken und Knabbern kann es schnell zu Gewebeschäden und Sekundärinfektionen kommen. Und selbst ohne die „Mithilfe" des Hundes sind solche sekundären Veränderungen möglich, wie man immer wieder bei den chronischen Ohrenentzündungen sehen kann. Deshalb ist es besonders wichtig zu wissen, mit welchen Symptomen es an welchen Hautbereichen los ging.

Im folgenden Kasten sind einige der Fragen aufgeführt, mit denen der Tierarzt versuchen wird, sich ein Bild vom Verlauf der Erkrankung zu machen. Diese kann man zur Vorbereitung nutzen, denn gerade bei längeren Krankheitsverläufen ist es nicht immer einfach, sich beim Tierarztbesuch an die einzelnen Details zu erinnern.

- Treten die Symptome das ganze Jahr hindurch auf oder gibt es saisonale Schwankungen?
- In welchem Lebensalter begannen die Symptome an Haut, Ohren oder Magen-Darmtrakt?
- Welche Symptome lagen anfangs vor und wie haben sie sich verändert?
- Welche Untersuchungen und mit welchem Ergebnis wurden bereits durchgeführt?
- Welche Therapien und mit welchem Erfolg wurden bereits eingesetzt?
- Zeigt der Hund noch andere Erkrankungen, Symptome?
- Bekommt er deswegen Medikamente? Wenn ja, welche?
- Haben Eltern- oder Geschwistertiere evtl. ähnliche Probleme?
- Wird eine Flohprophylaxe durchgeführt? Wenn ja, zu welchen Jahreszeiten?
- Liste mit den Futterbestandteilen, die regelmäßig gefüttert wurden, inkl. der Leckerchen, Betthupferl, Leberwursthäppchen, Kaustangen usw. (evtl. dies aber auch erst als „Hausaufgabe", wenn sich bei der Erstuntersuchung der Verdacht auf eine Futtermittelallergie bestätigt).

Untersuchung

Im Anschluss an die Aufnahme der Anamnese beginnt die klinische Untersuchung. Nach einer kurzen Allgemeinuntersuchung, die Hinweise auf sonstige Erkrankungen liefern könnte, wird der Hund in der speziellen dermatologischen Untersuchung von Kopf bis Pfote komplett untersucht. Manchmal sind Hautveränderungen dem Besitzer noch gar nicht aufgefallen, könnten aber ein Puzzlestein für das Gesamtbild einer allergischen Dermatitis darstellen. Und was in der Tiefe der Gehörgänge vor sich geht, bleibt ihm zwangsläufig verborgen.

Auf der anderen Seite kann das Fehlen jeglicher Hautveränderung ebenso ein Hinweis auf ein allergisches Geschehen sein. Juckreiz ohne sichtbare Hautveränderung („pruritus sine materia") ist ja durchaus ein typisches Anzeichen gerade zu Beginn einer Allergie.

Differentialdiagnosen

Unter Berücksichtigung der Krankheitsgeschichte und den festgestellten Symptomen wird der Tierarzt eine Liste aller hierzu passenden Erkrankungen (Differentialdiagnosen) aufstellen.

Es würde zu weit führen, hier alle dafür relevanten Symptome, Erkrankungen und Untersuchungsmethoden aufzuführen. Es ist die Aufgabe des Tierarztes, mit seiner Erfahrung die gewonnen Informationen entsprechend zu werten. Dabei wird man nicht nur den Blick dem Offensichtlichen, wie einem Juckreiz, Haut- und Ohrenentzündungen oder Magen-Darmproblemen zuwenden. Zusätzliche Auffälligkeiten wie zum Beispiel eine erhöhte Wasseraufnahme in Kombination mit anderen Symptomen wie einer pergamentartigen Haut wären ein Hinweis auf eine mögliche Hormonstörung der Nebennierenrinde. Diese als

Eine gründliche klinische Untersuchung sollte die Grundlage jeglicher Behandlung darstellen, egal ob man sich zu schulmedizinischen oder eher zu alternativen Heilmethoden hingezogen fühlt. Erst wenn man z. B. im Falle der Gehörgänge deren aktuellen Zustand, das Ausmaß der Gewebeveränderungen und Sekundärinfektionen mittels Otoskopie und Zytologie (s. u.) überprüft hat, lässt sich über mögliche Therapieoptionen vernünftig nachdenken. Vielleicht steckt ja auch einmal ein Fremdkörper hinter den Beschwerden oder ein Trommelfellschaden hat den Zugang zum empfindlichen Mittelohr eröffnet.

Hyperadrenokortizismus (Morbus Cushing) bezeichnete Erkrankung würde dann ganz oben auf der Liste landen. Bei Unterfunktionen der Schilddrüse fällt dem Besitzer oft zuerst nur eine Müdigkeit und Lustlosigkeit des Hundes auf. Manchmal wird sie bei älteren Hunden vorschnell als Alterserscheinung abgetan. In Verbindung mit chronisch rezidivierenden Hautinfektionen lenkt dies aber den Blick in Richtung Schilddrüsenunterfunktion.

Differentialdiagnosen für chronische, juckende Haut- und Ohrenentzündungen bzw. -infektionen sind z. B. Parasitosen, Stoffwechselstörungen, Infektionen mit Bakterien, Hefepilzen oder Hautpilzen (Dermatophyten), Mangelerscheinungen durch unausgewogene Futterrationen, Autoimmunerkrankungen, Störungen der Keratinisierung (Verhornung) und Talgproduktion (primäre Seborrhoen).

Dies bedeutet nun aber nicht unbedingt unzählige, aufwendige und langwierige Untersuchungen. Der Tierarzt wird die in Frage kommenden aussuchen und einige lassen sich sofort durchführen. Die Ektoparasiten (Parasiten in oder auf der Haut) können durch Hautgeschabsel, Infektionen mit Bakterien oder Hefepilzen anhand zytologischer Proben schon bei der Erstuntersuchung nachgewiesen bzw. ausgeschlossen werden. Und während man früher wochenlang auf das Ergebnis einer Pilzkultur warten musste, lassen sich Hautpilze (Dermatophyten) heute über den Nachweis ihres Genmaterials (PCR-Methode) innerhalb weniger Tage identifizieren.

Sollte sich aus Krankengeschichte und Symptomen der Verdacht auf eine Stoffwechselstörung ergeben, wird dies per Untersuchung bestimmter Blutwerte und gegebenenfalls einer sonographischen Untersuchung (Ultraschall) überprüft. Autoimmunerkrankung werden über Gewebeproben mit anschließender histologischer Untersuchung ausgeschlossen.

Routine-Untersuchungsmethoden der Dermatologie im Rahmen der Allergiediagnostik

Die mikroskopische Untersuchung von Hautgeschabseln und Klebstreifenproben sowie die zytologische Untersuchung gefärbter Hautabstriche sind Routinemethoden in der Dermatologie, die sich sofort in der Praxis durchführen lassen.

Je nach Lebensraum der Milben kommen Klebestreifenproben (Cheyletiella-Milben) bzw. oberflächliche (Sarcoptes-Milben) oder tiefe Hautgeschabsel (Demodex-Milben) zum Einsatz. Mit einer Skalpellklinge schabt man in unterschiedlicher Intensität und Ausdehnung über die Haut, gewinnt so

Proben der obersten Hautschichten, die sich sofort unter dem Mikroskop auf Milben, Milbeneier oder -kot untersuchen lassen. Die Grab- bzw. Räudemilbe des Hundes (Sarcoptes scabiei var. canis) entzieht sich manchmal dieser Nachweismethode. Da Antiköper gegen die Milbe im Blut erst mit einiger Verzögerung auftreten und zudem Kreuzreaktionen zu Hausstaubmilben bekannt sind, wird bei entsprechendem Verdacht meist einer diagnostischen Therapie der Vorzug gegeben. Man behandelt mit einem milbenwirksamen Präparat. Wenn darunter die Symptome verschwinden, hat man den indirekten Nachweis erbracht.

Die zytologische Untersuchung gefärbter Abstriche bietet einen schnellen Überblick über die an Hautveränderungen beteiligten Zellen und Mikroorganismen. Mit einem Wattestäbchen, klarem Klebestreifen oder direkt durch Abklatsch mit einem Objektträger gewinnt man eine Probe von der Hautoberfläche. Mit dem Wattestäbchen nimmt man Proben aus den äußeren Gehörgängen oder von sonstigen empfindlichen Regionen (z.B. am Auge). Das Probenmaterial wird auf einem Objektträger ausgerollt und durchläuft anschließend verschiedene Färbebäder. Dadurch färben sich Bakterien, Hefepilze und Körperzellen an und lassen sich unter dem Mikroskop beurteilen. Die vorgefundenen Erreger und Immunzellen erlauben eine erste Einschätzung der Infektion und Entzündung. Zytologische Untersuchungen sind natürlich nicht nur bei infektiösen Prozessen von Interesse. Die Beurteilung der an Hautveränderungen beteiligten Zellen kann z.B.

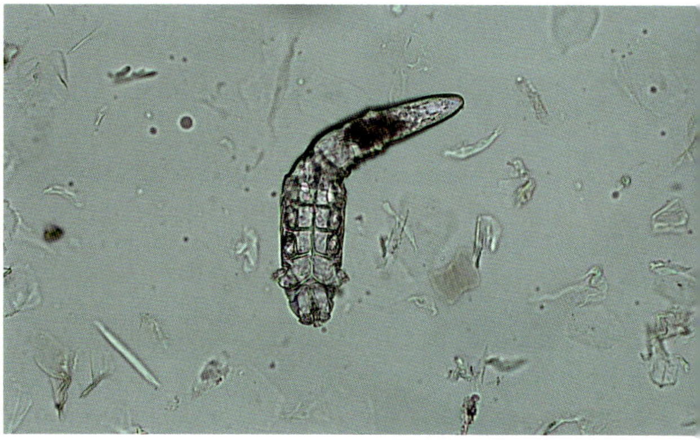

Mikroskopisches Bild einer Haarbalgmilbe (Demodex canis) (40 x Vergr.)

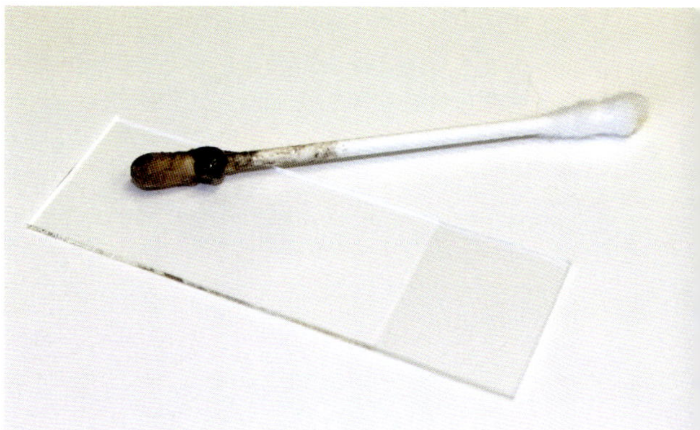

Ohrtupferprobe mit schwarzem Sekret

auch Hinweise auf autoimmunologische oder gar neoplastische Prozesse liefern.

Bei den Infektionen macht es einen Unterschied, ob man es mit Hefepilzen, Kokken (kugelförmige Bakterien) oder mit stäbchenförmigen Bakterien zu tun hat. Letztere sind häufig sehr schwierig zu bekämpfen. Diese Information erleichtert nicht nur die schnelle Einleitung einer zielgerichteten Therapie, sondern auch die Therapiekontrolle. Mag sich der Gehörgang nach der Behandlung auch noch so schön in der otoskopischen Untersuchung präsentieren, nur mit der Zytologie lässt sich sofort überprüfen, ob nicht doch noch Erreger vorhanden sind, die Therapie also fortgeführt werden müsste.

Der Nachweis und die nähere Bestimmung von Hefepilzen und Bakterien über die Anzucht auf Nährböden bedeutet einen erhöhten Aufwand und kostet Zeit, auch wenn die Kombination mit modernen Nachweismethoden (z. B. MALDI-TOF) in externen spezialisierten Laboren die Zeiten deutlich verkürzt haben.

Dieser Aufwand lässt sich aber nicht immer vermeiden. Zytologische Proben erlauben zwar die schnelle Einschätzung der Art der Bakterien anhand ihrer Form, ob Stäbchen oder Kugel (Kokken). Bei Verdacht auf Resistenzen (v.a. bei den stäbchenförmigen Bakterien), sind aber weitergehende differenzierende Untersuchung, z. B. durch kulturelle Anzüchtung und Austestung der Antibiotikaempfindlichkeit (Antibiogramm) angezeigt. Für den Einsatz einiger Antibiotika sind solche Antibiogramme mittlerweile zwingend vorgeschrieben, um eine weitere Zunahme der Resistenzen zu verhindern.

Ein großes Problem stellen Pseudomonas-Infektionen der äußeren Gehörgänge dar. Diese stäbchenförmigen Bakterien sind häufig nicht nur gegen viele Antibiotika resistent, sondern können sich obendrein über die Produktion eines zähen Schleims, dem Biofilm, schützen. Dies erfordert unter anderem spezielle Ohrreiniger, damit das Antibiotikum überhaupt zur Wirkung kommen kann.

Mikroskopische Bilder gefärbter Ohrtupferproben

(Schnellfärbung v. Romanowsky-Typ, 1000x Ölimmersion)

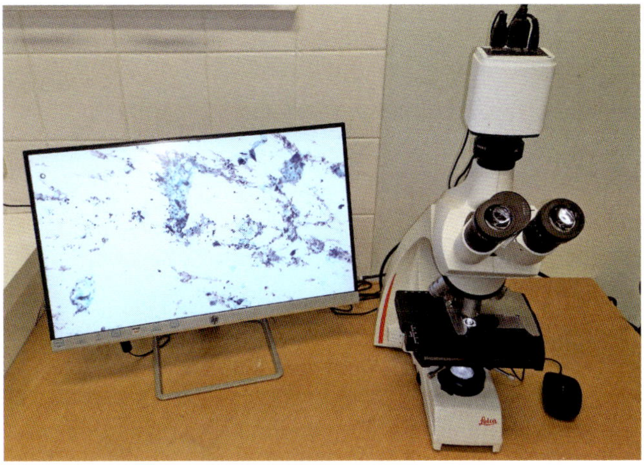

Das Mikroskop ist eines der wichtigsten Diagnostikinstrumente für jeden Dermatologen.

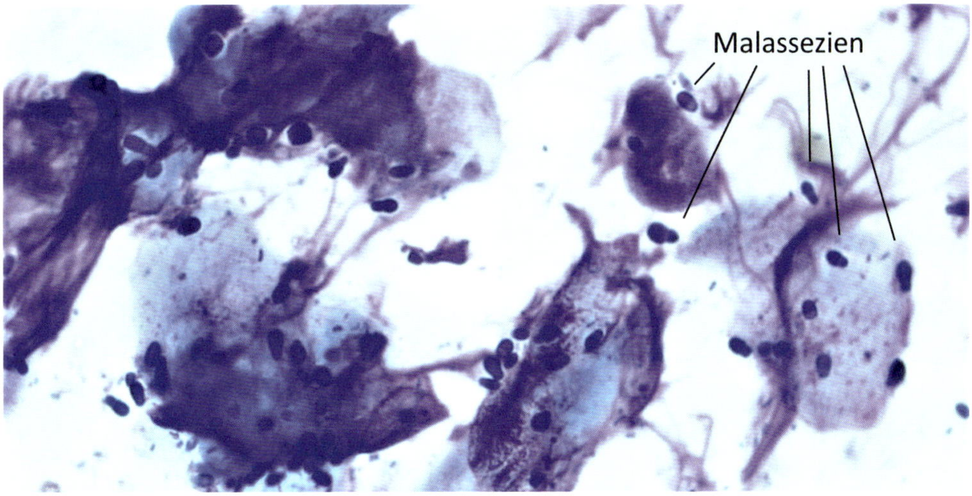

Zahlreiche Hefepilze (Malassezia pachydermatis), deren Form in der seitlichen Ansicht an Erdnüsschen erinnert

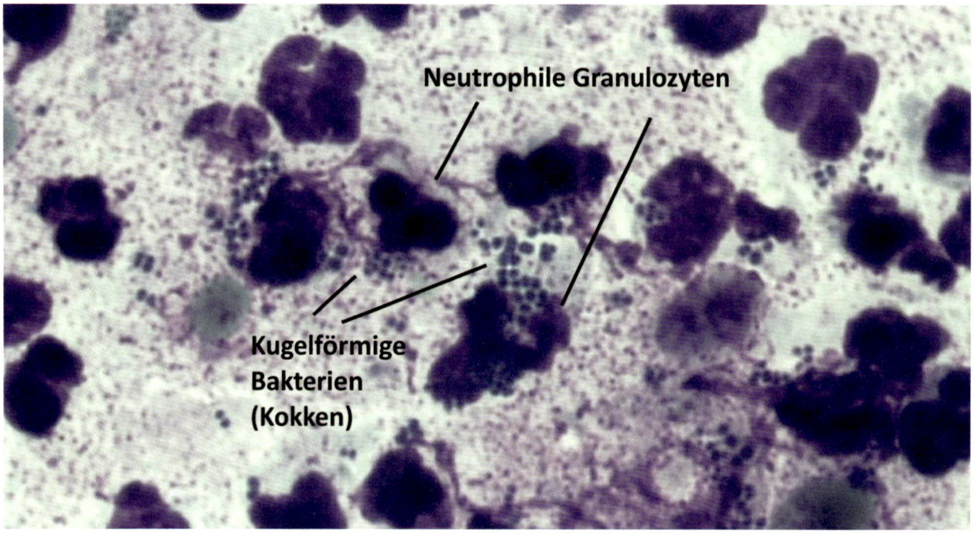

Neutrophile Granulozyten im Abwehrkampf mit kugelförmigen Bakterien (in der Bildmitte Aufnahme einer Kokkengruppe in den Granulozyten)

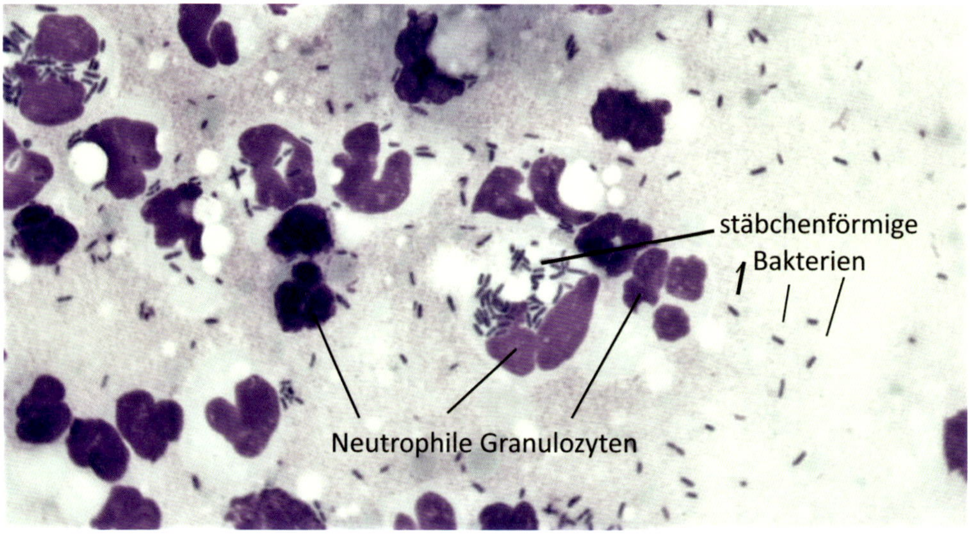

Zahlreiche Abwehrzellen (neutrophile Granulozyten) und stäbchenförmige Bakterien

Magen-Darmstörungen als einziges Symptom

Hier sind Unverträglichkeiten, insbesondere ungeeignetes Futter oder fehlerhafte Fütterungstechnik, wahrscheinlicher als wirkliche Allergien. Deshalb ist es wichtig, sich genauer die Zusammensetzung des Futters anzuschauen. Ein hoher Anteil an schlecht verdaulichen Futterbestandteilen, Rohfütterung von belastetem Fleisch oder unbehandelter Stärkequellen könnten dahinterstecken. Wenn Magen-Darmstörungen den einzigen Symptomenkomplex darstellen, wird sich der Internist, der in der Regel der erste Ansprechpartner hierfür ist, nach Anamneseaufnahme und klinischer Allgemeinuntersuchung erst einmal Funktion und Morphologie des Verdauungstraktes intensiv anschauen. Ähnlich wie bei der Haut werden Infektionen und Parasitenbefall geprüft, hier natürlich über eine Kotuntersuchung. Darüber hinaus können verschiedene Blutparameter Aufschluss über Entzündungen oder die Funktion der einzelnen Verdauungsorgane geben. Mittels Ultraschalluntersuchung des Bauchraums lässt sich die Morphologie der Verdauungsorgane auf schonende Weise visualisieren. Endoskopien (Magen-Darmspiegelungen) und Entnahme von Gewebeproben gehören hingegen zu den invasiven Untersuchungsmethoden. Sie können zwar ein genaues Bild der Schleimhäute und der Art der Entzündung liefern, jedoch häufig nicht deren Ursache bestimmen. Es gab zwar Versuche, im Rahmen der Endoskopie die Reaktionen auf Futterbestandteile direkt an der Schleimhaut zu testen. Doch angesichts des Aufwandes stellt dies natürlich keine praktikable Screeningmethode dar. Zudem bleibt die Frage nach den verzögerten Reaktionen dabei offen. So ist die Eliminationsdiät auch bei den Magen-Darmpatienten das wichtigste Diagnostikum, um die Beteiligung des Futters am Beschwerdebild zu klären. Im positiven Falle spräche man dann von einer futterresponsiven Enteropathie, d. h. einer auf Futterumstellung ansprechenden Darmerkrankung.

Die Eliminationsdiät

Das Prinzip einer Eliminationsdiät

Diesem Testverfahren liegt zugrunde, dass der Organismus für die Entwicklung einer Allergie immer erst eine gewisse Zeit mit dem Allergen Kontakt gehabt haben muss. Diese Zeit braucht er, um sich dagegen zu sensibilisieren. Folglich kann er auf vollkommen neue Bestandteile nicht allergisch reagieren.

Deshalb sucht man für die Eliminationsdiät jeweils eine für den Hund noch vollkommen neue Protein- und Kohlenhydratquelle aus, Futterbestandteile, auf die er aller Wahrscheinlichkeit nach nicht allergisch reagieren kann.* Die Beschränkung auf zwei Quellen erhöht die Wahrscheinlichkeit, ein für den Hund allergenfreies Futter zu verabreichen. Auch die Gefahr von Unverträglichkeitsreaktionen gegenüber zusätzlichen Bestandteilen wird auf diese Weise minimiert. Nicht nur das Hauptfutter, sondern ebenso alle Leckerchen dürfen ausschließlich aus diesen beiden Quellen stammen. Hat man sich zum Beispiel für Pferdefleisch und Süßkartoffeln entschieden, kann man eines der vielen angebotenen Leckerchen aus purem Pferdefleisch (Inhaltsstoffe kontrollieren!) geben. Man könnte aber auch selbst Trockenfleischstreifen herstellen. Alternativ zum Dörrautomaten ist eine Trocknung der Fleischstreifen bei niedriger Temperatur im Backofen (bei leicht geöffneter Tür) möglich. Die Süßkartoffeln lassen sich recht einfach in der Mikrowelle zu knackigen Chips verarbeiten.

Werden die Beschwerden während der 8 – 12-wöchigen Diät deutlich besser, wird durch die Provokation mit

* Ausnahme: Kreuzreaktionen s. S. 91 ff.

Solche Küchenhelfer zur einfachen Chipsherstellung in der Mikrowelle werden in den verschiedensten Ausführungen angeboten.

dem alten Futter überprüft, ob die Besserung der Symptome nicht nur zeitgleich mit der Fütterung der Eliminationsdiät auftrat, sondern auch ein ursächlicher Zusammenhang besteht.

Eine Eliminationsdiät sollte möglichst nur aus einer Proteinquelle und einer Kohlenhydratquelle bestehen. Beide sollten für den Hund neu sein, noch nicht auf seinem Futterplan gestanden haben. Und dies gilt nicht nur für das Hauptfutter, sondern für alles, was der Hund zu fressen bekam (bzw. nun als Diät bekommt).

Eliminationsdiät = 1 neue Proteinquelle + 1 neue Kohlenhydratquelle

Wie findet man die richtigen Diät-Kandidaten?

Bei einigen der oben genannten Labortests wird angegeben, dass sie, wenn schon nicht zur Diagnose, dann aber zur Auswahl der Eliminationsdiät herangezogen werden können. Hier kommt der Begriff der negativen Prädiktabilität ins Spiel, d. h. der Zuverlässigkeit einer Vorrausage, dass eine allergische Reaktion nicht eintreten wird. Diesen Wert sollte man hinsichtlich der Aussagekraft solcher Tests stets berücksichtigen. Wird einem Test eine negative Prädiktabilität von 80 % zugeschrieben, muss man damit rechnen, dass einer von fünf als tauglich bezeichneten Futterbestandteile eben doch nicht geeignet ist. Untersuchungen zu verschiedenen Testverfahren zeigten laut einer Literaturstudie[17] eine große Variationsbreite mit Werten zwischen 61 – 86 %. Nur der Lymphozytenproliferationstest (93 %) und der Patchtest (bis zu 99 %) hoben sich davon deutlich ab, sind aber keine routinemäßig eingesetzten Verfahren.

Beim Einsatz solcher Tests sollten sollte man sich dessen bewusst sein und es in die Interpretation einbeziehen, damit man Futter dann nicht wegen eines gescheiterten Diätversuches vorschnell ganz als Verursacher ausschließt.

Die Orientierung an der Futterhistorie bildet in der Regel die wichtigste Grundlage für die Auswahl der Diätkandidaten. Da man nicht von einer unterschiedlichen Allergenität einzelner Futterbestandteile ausgehen kann, ist das Hauptaugenmerk darauf gerichtet, eine Protein- und eine Kohlenhydratquelle zu finden, die noch nicht regelmäßig auf dem Speiseplan des Hundes standen. Manchmal hilft es, hierfür ein Futtertagebuch über eine Woche zu führen. Es sorgt nicht selten für einige Überraschung, wenn man sich bewusst wird, was der Hund so alles neben seinen Hauptmahlzeiten bekommt. Das Leberwursthäppchen am Frühstückstisch, das Schweineohr zum Kauen, die Gelatinekapsel des Algenpräparates gegen Gelenkbeschwerden, der ausgeleckte Joghurtbecher und das Betthupferl am Abend, all dies gehört auf die Liste.

Auch Kauartikel gehören mit auf die Futterliste.

Natürlich ist es ideal, wenn sich die Futteranamnese des Hundes genau nachvollziehen lässt. Auf dieser Grundlage fällt es leichter, wirklich neue Quellen auszusuchen. Dies ist bei Hunden aus Vorbesitz oft unmöglich. So wird man versuchen, auf außergewöhnliche Quellen auszuweichen, die wahrscheinlich noch nicht auf dessen Futterplan standen.

Die Suche nach wirklich neuen Quellen wird aber zunehmend schwieriger. Der Trend, seinem Hund möglichst viel Abwechselung im Futternapf zu bieten, trifft auf ein entsprechend steigendes Angebot an Futterprodukten mit ungewöhnlichen Protein- und Kohlenhydratquellen.

Typisches Beispiel einer Eliminationsdiät war ursprünglich die Kombination aus Lamm und Reis, denn beides war nur selten in den gängigen Futterprodukten enthalten. Dies hat sich aber schon vor längerer Zeit überholt, als die sogenannten Sensitivprodukte auf den Markt drängten. Ähnliches wurde auch schon von Fisch berichtet.

Zu den außergewöhnlichen Proteinquellen zählen (noch) zum Beispiel Pferd, Esel, Hase, Kaninchen, Reh, Rentier, Elch, Känguru, Strauß, Kamel, Fasan und Insektenprotein. Bei den Kohlenhydraten sind es (noch) zum Beispiel Kartoffel, Kürbis, Süßkartoffeln, Okra, Topinambur, Hirse, Quinoa, Maniok (Tapioka), Amarant, Buchweizen und Pastinake.

Bei der Fleischwahl wird man wegen der Unsicherheit hinsichtlich sich ähnelnder Proteine immer versuchen, Fleisch von Tierarten auszuwählen, die möglichst nicht zu eng verwandt

Liste mit Diätkandidaten

(Futterhistorie beachten!)

Proteinquelle:	Kohlenhydratquelle:
Pferd	Kartoffel
Esel	Süßkartoffel
Känguru	Kürbis
Strauß	Pastinake
Insektenprotein	Okra
Kaninchen	Topinambur
Hase	Hirse
Rentier	Quinoa
Elch	Maniok (Tapioka)
Reh	Amarant
Fasan	Buchweizen
Kamel	
Hirsch	

Je nach Futterhistorie auch z. B. Schwein (nie roh!), Ente, Büffel, Ziege oder Forelle

sind. Bei Rindfleisch im alten Futter wird empfohlen, nicht auf Lamm oder Ziege zu setzen, bei Huhn im alten Futter nicht auf Truthahn. Vielmehr wäre ein Umstieg von Rind auf Geflügel und umgekehrt von Huhn auf Säugetierfleisch sinnvoll.

Dabei bedeutet „exotisch“ nicht unbedingt gleich „neu“. Eine Kudu-Antilope mag exotisch sein, wäre für einen Rinderallergiker aber nicht unbedingt „neu“, denn beide Tierarten gehören innerhalb der Familie der Bovidae (Hornträger) sogar noch zur gleichen Unterfamilie der Bovinae (Rinder, Büffel und Antilopen).

Bei unsicherer Futteranamnese verzichtet man besser auf alle Fleischsorten und Kohlenhydratquellen, die in den gängigen Futterprodukten enthalten sind, wie z. B. Rind, Huhn, Truthahn, Lamm, Weizen und Milchprodukte (siehe hierzu auch S. 58 ff.). Neben den Produkten für den Hund darf man aber auch die regionalen Essgewohnheiten der Menschen nicht außer Acht lassen.

Schwein wurde wegen der Gefahr der Übertragung des Aujeszky-Virus lange Zeit von Hundebesitzern gemieden und fand sich selten auf den Deklarationslisten der kommerziellen Futter. Man kann aber nicht ausschließen, dass es nicht doch in Form der „Fleisch und tierische Nebenprodukte“-Fraktion häufiger im Futternapf landete. Auch Kauartikel wie Schweineohren, Aromastoffe in Medikamenten oder das Eckchen Leberwurstbrot vom Tisch könnten Schwein als Kandidat für eine Eliminationsdiät disqualifizieren. Bei bekannter Futteranamnese aber stellt es durchaus eine Alternative dar, ist es doch leicht verfügbar und vergleichsweise kostengünstig. Letzteres spielt bei großen Hunden ja durchaus eine Rolle. Bei selbst zubereiteten Diäten ist aber unbedingt auf eine ausreichende Erhitzung zu achten, um eine Infektion mit dem Aujeszky-Virus zu verhindern.

Als Fleischalternative wird mittlerweile sogar Insektenprotein in Hundefutterprodukten eingesetzt, und dies nicht nur im Hinblick auf Futtermittelallergien, sondern auch aus ökologischen Gründen. Selbst wenn bei dem einen oder anderen Besitzer gewisse Ressentiments bestehen mögen, ist Insektenprotein durchaus eine hochwertige alternative Eiweißquelle. Momentan ist das Angebot solcher Futter noch begrenzt. Inwieweit sich die insektenbasierten Futter als Eliminationsdiäten eignen und etablieren können, wird sich zeigen. Hierbei spielen sicher auch die weiteren Inhaltsstoffe solcher Futter eine Rolle.

Bei rein vegetarischem Futter stehen bei vielen Besitzern wohl die ethischen Gründe für den Fleischverzicht im Vordergrund. Die Hersteller bewerben die Futter aber auch als Alternative bei Futtermittelallergien. Ebenso wie schon bei der Rohfütterung (BARF) soll hier nicht auf die ernährungsphysiologischen Aspekte eingegangen werden. Aus allergologischer Sicht kann zwar der Verzicht auf die in Hundefutter üblichen Fleischquellen interessant sein. Allerdings erlaubt der lakto- u./o. ovo-vegetarische Ansatz grundsätzlich schon die Verwendung von Milch- oder Eiprodukten, der vegane z. B. die von Weizen, Soja, Mais oder Reis – alles bekannte Allergene beim Hund. Natürlich kommt es letztendlich darauf an, woraus das Futter besteht. Hinsichtlich der Eignung als Eliminationsdiät steht aber auch bei dieser Art der Fütterung die Futterhistorie im Vordergrund, weil eben nicht nur tierische Proteinquellen als Allergene wirken können.

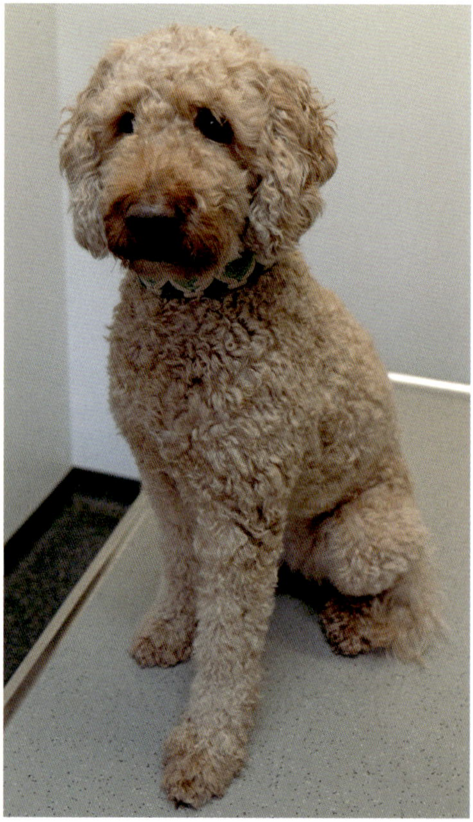

Bei Fanta stellten sich bei der Provokation nach einer erfolgreichen Eliminationsdiät ausgerechnet Möhren, ihre Liebingsleckerchen, als Auslöser der Ohrenprobleme heraus.

Vom Menschen sind Allergien gegen die verschiedensten Obst- und Gemüsesorten bekannt, bei Hunden z. B. Tomate und Kartoffel beschrieben. Und es ist nicht ausgeschlossen, dass beim Hund noch weitere pflanzliche Allergenquellen identifiziert werden. Bei kommerziellen vegetarischen Futterprodukten ist deshalb der Blick auf die Zusammensetzungsliste ebenso notwendig wie bei Futter auf Fleischbasis.

Kreuzreaktionen

Ein schwer einzuschätzender Unsicherheitsfaktor sind Kreuzreaktionen, bei denen das Immunsystem ähnliche Proteine bei verschiedenen Tierarten oder Pflanzen erkennt. Hierdurch wäre es dann möglich, dass das Immunsystem doch auf einen Futterbestandteil reagieren kann, obwohl der Hund damit noch nie gefüttert wurde. Beim Menschen sind viele derartige Reaktionen bekannt. Beim Hund liegen bisher nur wenige Daten hierzu vor. Beim Menschen sind z. B. Kreuzreaktionen zwischen Umweltallergenen (Pollen) und Nahrungsmittelallergenen beschrieben. Bei Birkenpollenallergikern kann es beim Verzehr von Äpfeln, Haselnüssen und Karotten zu allergischen Reaktionen im Mund- und Rachenbereich kommen. Beim Hund wurde bisher nur der Fall des Tieres berichtet, der infolge einer Zedernpollenallergie beim Fressen von Tomaten Symptome im Maulbereich entwickelte.

Bei Rindfleisch, Lammfleisch und Kuhmilch wurden kreuzreagierende IgE-Antikörper in Hundeseren gefunden, die gegen Immunglobuline (bovines und ovines* IgG) in diesen Quellen gerichtet sind. Auch wenn die klinische Relevanz unklar ist, wurde schon darüber spekuliert, ob nicht durch den früher üblichen Einsatz von Lammfleisch in Eliminationsdiäten der eine oder andere Rindfleischallergiker evtl. unentdeckt blieb.

Je näher die Verwandtschaft, desto größer ist die Gefahr von Kreuzreaktionen. Beim Menschen reagieren manche Kuhmilchallergiker auch auf Ziegen- und Schafsmilch, nicht aber auf Stutenmilch. Deshalb wird man verwandte Arten bei der Auswahl der neuen Proteinquelle möglichst meiden.

Es ist aber auch bekannt, dass es im Zuge der Evolution zur Konservierung bestimmter Proteine gekommen ist, die weit über verwandte Arten hinaus zu beobachten sind. Beim Menschen kennt man das gleichzeitige Auftreten von Allergien gegen Fisch und Huhn. In Hundeseren konnten ebenfalls kreuzreagierende IgE gegen ähnliche Proteine bei Weißfisch, Lachs und Hühnern gefunden werden. Deren klinische Relevanz ist aber noch nicht geklärt.

* vom Schaf

Man geht mittlerweile beim Hund von möglichen Kreuzreaktionen zwischen Huhn, Truthahn und Ente; zwischen Huhn und Fisch sowie zwischen Rindfleisch, Lamm und Kuhmilch aus.

Doch auch wenn entsprechende kreuzreagierende Antikörper in Hundeseren zu finden sind, ist noch vollkommen offen, inwieweit Kreuzallergien bei den Futtermittelallergien des Hundes eine Rolle spielen. Dabei ist aber auch zu bedenken, dass Fleisch aus verschiedenen Proteinen besteht, die nicht alle gleichermaßen Kreuzreaktionen hervorrufen. Bei der Auswahl der Komponenten einer Eliminationsdiät sollte man die Möglichkeit jedoch nicht außer Acht lassen und sicherheitshalber nahverwandte Quellen meiden.

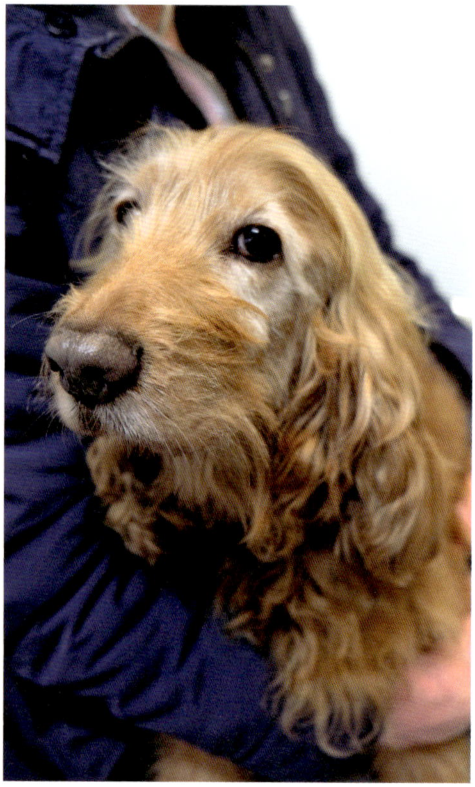

Lucy bekam im Alter von 12 Jahren erstmalig eine chronisch-rezidivierende bakterielle Gehörgangsinfektion. Unter einer Eliminationsdiät besserte sich der Zustand. Nach Zugabe von Lachsöl erlitt sie aber einen heftigen Rückfall.

Selbst zubereitet oder kommerzielles Futter?

Selbst zubereitet

Selbst zubereitetes Futter wird immer noch als die verlässlichste Möglichkeit erachtet, eine Eliminationsdiät durchzuführen. Wenn man die Diät selbst zubereitet, weiß man genau, was wirklich enthalten ist. Zusatzstoffe und mögliche Veränderungen durch den industriellen Herstellungsprozess entfallen. Andererseits bedeutet es einen höheren Arbeitsaufwand, vor allem im Urlaub. Hinzu kommen die Überlegungen hinsichtlich der Ausgewogenheit.

Bei selbst zubereiteten Diäten ist die Kombination aus den zwei Komponenten hinsichtlich der Vitamin-, Mineralstoff- und Spurenelementversorgung natürlich nicht ausgewogen. Wenn ein Vitamin- und Mineralzusatz gewählt wird, sollte dieser nicht durch Hilfssubstanzen den Erfolg der Diät gefährden. Wegen dieser Unwägbarkeit wird häufig zum Weglassen dieser Ergänzung geraten, zumindest bei erwachsenen, ansonsten gesunden Hunden.

Auch hinsichtlich des Zusatzes essentieller Fettsäuren gibt es unterschiedliche Ansichten. Natürlich ist das Fettsäuremuster bei einer solchen hausgemachten Diät nicht ausgewogen und Öle an sich gelten nicht als allergen. So finden sich in einigen Rezepten für Eliminationsdiäten auch Pflanzenöle. Andererseits wird jedoch auf die Möglichkeit von Reaktionen auf Fett- bzw. Ölzugaben hingewiesen. Proteinreste in Pflanzenölen sind beschrieben, auf einigen Pflanzenölflaschen wird darauf explizit hingewiesen, dass geringe Mengen an Proteinen enthalten sein könnten. Je nach Herstellung könnte dies ebenso auf Fischöl zutreffen. Lachsöl wird bisweilen auch aus einem anderen Grunde kritisch in Bezug auf eine Eliminationsdiät gesehen. Der hohe Gehalt an Omega-3-Fettsäuren könnte, unabhängig von der Allergenität des Diätfutters, über deren entzündungshemmende Eigenschaft zu einer Besserung der Symptome führen und so die Beurteilung des Diäterfolges erschweren.

Man sollte sich auch immer bewusst machen, dass diese Diät eine zeitbegrenzte diagnostische Maßnahme ist und nicht dazu dient, den Hund auf lange Sicht optimal zu ernähren. Und Mangelerscheinungen braucht man bei erwachsenen, ansonsten gesunden Hunden während der ersten Wochen nicht zu befürchten. Wenn eine Ergänzung mit Vitaminen und Mineralstoffen empfohlen wird, dann meist erst ab der achten Woche.

Anders ist dies bei Hunden im Wachstum, tragenden bzw. säugenden Hündinnen und anderen Hunden mit erhöhtem und besonderem Nährstoffbedarf (z. B. Sporthunde). Hier sollte man bei hausgemachten Diäten die Rationen im Rahmen einer tierärztlichen Ernährungsberatung berechnen lassen, damit es nicht zu Wachstumsstörungen oder Mangelerscheinungen kommt. Gleiches gilt für Hunde mit zusätzlichen Stoffwechselstörungen. Niedergelassene Fachtierärzte/innen für Tierernährung und Diätetik, wie auch einige der entsprechenden Institute an den tierärztlichen Universitätskliniken bieten solche Beratungen und Rationsberechnung an (Adressen siehe Anhang). Sie berechnen eine genau auf den jeweiligen Hund abgestimmte Ration, die alle notwendigen Nährstoffe enthält. Eine solche Rationsberechnung ist aber nicht nur im Rahmen einer Eliminationsdiät von Interesse. Möchte man seinem Hund nach der Diagnose einer Futtermittelallergie das Futter (weiterhin) selbst zubereiten, ist eine entsprechende Beratung empfehlenswert. Sonst läuft man Gefahr, dass der Hund im Laufe der Zeit futterbedingte Gesundheitsstörungen entwickelt. Studien zu selbst zusammengestelltem und zubereitetem Futter ergaben eine sehr hohe Anzahl an unausgewogenen Rationen.

Eine selbst zubereitete Eliminationsdiät kann grundsätzlich auch in Form einer Rohfütterung (BARF) durchgeführt werden. Barfer tun sich evtl. sogar etwas leichter, sind sie doch den Umgang und Wechsel einzelner Futterkomponenten gewohnt. Allerdings ist die Beschränkung auf zwei Komponenten schon ein großer Unterschied zur sonstigen, abwechslungsreichen Fütterungspraxis. Man sollte sich aber der Infektionsgefahren bewusst sein und keine generell verringerte Allergenität erwarten (s. S. 68).

Eine Beobachtung könnte den Wert selbst zubereiteter Eliminationsdiäten noch untermauern. Hierbei wurde berichtet, dass bis zu 20 % der Hunde auf kommerzielles Futter reagierten, deren Inhaltsstoffe in Form einer selbst zubereiteten Diät aber vertragen wurden.

Rationsvorschläge für eine Eliminationsdiät für Hunde

Mit freundlicher Genehmigung von Dr. med. vet. Stefanie Handl (www.futterambulanz.at)

1. Fleisch mager und Kartoffeln/Süßkartoffeln

Angaben bei (g): g/Tag

Körpergewicht (kg)	Werte gültig für z. B. Pferd, Wild (z. B. Reh, Fasan, ...), Ziege, Kaninchen, Fisch, Känguru (g)	Kartoffeln/Süßkartoffeln (g)
5	150	150
10	280	280
15	350	350
20	450	450
25	550	550
30	630	630
35	700	700
40	770	770
45	830	830
50	920	920
55	1000	1000
60	1050	1050

2. Fleisch fett und Kartoffeln/Süßkartoffeln

Angaben bei (g): g/Tag

Körpergewicht (kg)	Werte gültig für z. B. Schweinekotelett/schnitzel (nie roh!), Ente, Rentier, Fisch mit hohem Fettgehalt (g)	Kartoffeln/Süßkartoffeln (g)
5	100	80
10	170	100
15	240	110
20	280	180
25	340	220
30	380	280
35	430	340
40	470	370
45	520	390
50	550	410
55	600	480
60	640	500

3. Fleisch mager und Cerealien

Angaben bei (g): g/Tag

Körpergewicht (kg)	Werte gültig für z. B. Pferd, Wild (z. B. Reh, Fasan, ...), Ziege, Kaninchen, Fisch, Känguru (g)	Getreide: Hafer-, Dinkel-, Hirseflocken, Amarant o. Maisgries (g)
5	150	40
10	220	80
15	300	120
20	400	130
25	450	170
30	500	200
35	570	220
40	600	250
45	670	280
50	700	300
55	750	320
60	800	350

4. Fleisch fett und Cerealien

Angaben bei (g): g/Tag

Körpergewicht (kg)	Werte gültig für z. B. Schweinekotelett/schnitzel (nie roh!), Ente, Rentier, Fisch mit hohem Fettgehalt (g)	Getreide: Hafer-, Dinkel-, Hirseflocken, Amarant o. Maisgries (g)
5	100	20
10	160	30
15	220	50
20	270	70
25	320	80
30	360	90
35	400	110
40	450	110
45	480	120
50	500	150
55	520	180
60	550	200

Schweinefleisch sollte wegen der Gefahr einer Übertragung des Aujeszky-Virus nie roh an Hunde verfüttert werden! Das Virus führt bei Hunden unter tollwutähnlichen Symptomen zum Tod. Ausreichende Erhitzung beim Kochen oder Braten zerstört aber das Virus. Weitere Infektionsgefahren gehen insbesondere von rohem Geflügelfleisch aus (z. B. Salmonellen, Campylobacter-Arten und antibiotikarestistente Bakterien).
Zum Aufschluss der Stärke sollten die Kohlenhydratquellen ausreichend gekocht werden. Alternativen wären Flockenprodukte, bei denen die Stärkeverdaulichkeit durch die thermische und mechanische Vorbehandlung erleichtert ist.

Kommerzielles Futter

Kommerzielle Futter versprechen geringeren Aufwand und sind insbesondere im Urlaub hilfreich. Zudem entfällt die Sorge um die Ausgewogenheit der Futterrationen. Als Alleinfutter deklariert, muss es alle notwendigen Nährstoffe zur Versorgung des Hundes enthalten.

Die Futtermittelindustrie hat futtersensible Hunde als wichtige Zielgruppe erkannt und bringt immer neue Produkte heraus, die mit neuen Fleisch- und Kohlenhydratquellen locken. Allerdings ist es doch bisweilen schwierig, ein Futter zu finden, dass so minimalistisch zusammengesetzt ist, wie es für eine Eliminationsdiät zu wünschen wäre.

Schwerer aber wiegt noch der Umstand, dass in kommerziellen Produkten schon öfter nichtdeklarierte Bestandteile gefunden wurden.

In einer Untersuchung von 2018[18] wurden 40 Hunde- und Katzenfutter, sowohl Feucht- und Trockenfutter, mit neuen Inhaltstoffen bzw. hydrolisierten Komponenten auf nicht deklarierte Bestandteile anderer Tierarten überprüft. Lediglich bei zehn stimmte der Inhalt mit dem Etikett überein, bei fünf fehlten aufgeführte Zutaten, zwei hatten eine zu vage Deklaration und 23 enthielten nicht deklarierte Bestandteile anderer Tierarten. Insgesamt schnitten Feuchtfutter etwas besser ab.

Eine Literaturstudie[19], die Untersuchungen v.a. aus USA und Europa einschloss, stellte fest, dass je nach Studie bis zu 88 % der Futter Inhaltsstoffe enthielten, die nicht auf dem Etikett verzeichnet waren. Selbst bei den an Allergiker gerichteten Produkten mit neuen/limitierten Inhaltstoffen lag die Anzahl noch bei 33 – 83 %.

Allerdings verwies diese Studie auch auf einen äußerst wichtigen Umstand. Der Nachweis von nicht deklarierten Inhaltsstoffen sagt noch nichts darüber aus, ob dies bei allergischen Tieren auch zu klinischen Reaktionen führt. Außerdem sind die Untersuchungen natürlich immer nur Momentaufnahmen, können nur die vorliegenden Futter-Chargen beurteilen. Sicher muss man auch berücksichtigen, dass Untersuchungsmethoden (zum Beispiel genetische Nachweismethoden) auch kleinste Spuren von Fremdmaterial nachzuweisen vermögen. Trotzdem bleibt eine gewisse Unsicherheit hinsichtlich möglicher Kontaminationen und Reaktionen darauf, die das Ergebnis einer Eliminationsdiät infrage stellen könnten.

Hinsichtlich der Kontamination mit nicht deklarierten Quellen schlossen hydrolisierte Futter in den oben genannten Studien besser als die Diäten mit neuen/limitierten Inhaltsstoffen ab.

In der Studie von 2018[18] wurden bei den hydrolisierten Diäten (6 von 9) weniger Kontaminationen mit nicht deklarierten Quellen gefunden als bei den Produkten mit neuen, limitierten Inhaltsstoffen (24 von 31).

Angesichts der Unwägbarkeiten hinsichtlich der Auswahl einer neuen Futterkomponente klingt der Ansatz die hydrolysierten Diäten interessant (siehe auch Futterwegweiser). Durch die künstliche enzymatische Aufspaltung der Futterproteine wären diese im besten Falle so zerkleinert und verändert, dass sie nicht mehr zu allergischen Reaktionen führen würden, selbst wenn eine Allergie gegen diese Quelle vorläge.

Hierzu finden sich unterschiedliche Studienergebnisse. Bei einem Vergleich[20] von hydrolisierten Futterprodukten auf Basis von Geflügelfedern und Hühnerleber, reagierten Hunde mit einer Huhn-Allergie zu 40 % auf das Hühnerleberprodukt, nicht aber auf das Federhydrolisat. Hingegen wurde bei einem Vergleich[21] von huhnbasiertem hydrolisierten Futter mit selbst zubereiteten Diäten beiden eine vergleichbare Eignung als

Eliminationsdiät zugesprochen. In einigen Studien zu hydrolysiertem Futter wurde von einer Reduktion, wenn auch nicht immer vollständigen Elimination von allergischen Reaktionen berichtet. Laut einer Literaturstudie[22] von 2010 reagierten bis zu 50 % der Hunde auf partiell hydrolysierte Futter, gegen deren Ursprungsproteine sie sensibilisiert waren. So wurde empfohlen, trotz Hydrolyse möglichst auf Proteinquellen zu verzichten, die der Hund schon gefressen hat.

Zusammenfassend kann wohl sagen, dass das Label „hydrolisiert" allein noch keine Tauglichkeit als Eliminationsdiät garantiert. Die verfügbaren Futter unterscheiden sich unter anderem in Herkunft der Proteinquellen (z. B. Soja, Hühnerleber, Geflügelfedern, Fisch), dem Hydrolisierungsgrad und den weiteren Bestandteilen. Hinsichtlich der Eignung als Eliminationsdiät geht es nicht nur um die hydrolisierte Proteinquelle allein, sondern auch um alle weiteren Bestandteile. Dies alles sollte bei der Auswahl bedacht und auf den individuellen Fall abgestimmt werden.

Clooney bekam eine selbst zubereitete Eliminationsdiät aus Rehfleisch und Süßkartoffeln. Wie sich später herausstellte, verträgt er aber auch ein kommerzielles Produkt aus den gleichen Zutaten.

Die Wahl der Eliminationsdiät

Die selbst zubereitete Eliminationsdiät mit neuen, limitierten Inhaltsstoffen gilt immer noch als der sogenannte „Goldstandard". Bei ihr entfallen mögliche Störfaktoren von kommerziellen Diäten, vor möglichen Kreuzreaktionen ist sie aber auch nicht gefeit. Vielleicht muss man sich angesichts der geschilderten Unwägbarkeiten von der Vorstellung der einen richtigen Eliminationsdiät, mit der man zweifelsfrei eine Futtermittelallergie innerhalb von 8–12 Wochen diagnostizieren kann, verabschieden. Sicherlich lassen sich bei einer entsprechend sorgfältigen, individuellen Auswahl Fehlerquellen minimieren und viele Futterallergiker identifizieren. Man darf sich aber auch nicht scheuen, zum Beispiel nach einer gescheiterten kommerziellen Diät noch einmal eine hausgemachte nachzuschieben. Ebenso gilt es, mögliche Kreuzreaktionen ins Kalkül zu ziehen, um nicht vorschnell das Futter als Allergenquelle auszuschließen. Bei Verdacht kann sich der nochmalige Aufwand wirklich lohnen. Denn die Alternative, von einer nichtsaisonalen Umweltallergie ausgehen zu müssen, bedeutet einen ungleich höheren lebenslangen Aufwand für das Management dieser Erkrankung, weil sich dabei das Allergen eben nicht eliminieren lässt.

Futter für Eliminationsdiäten

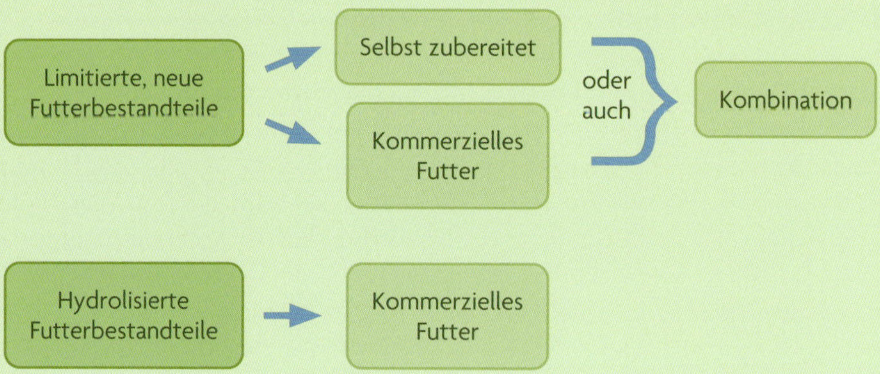

Dauer der Eliminationsdiät

Bei Magen-Darmproblemen setzt die Besserung meist früher als bei den Hautsymptomen ein. Es reichen oft schon 2 – 3 Wochen. Haut und Ohren brauchen mehr Zeit, bis sie sich regenerieren. Die max. Zeitangabe von 8 – 12 (13) Wochen bezieht sich immer auf den Fall, dass keine Besserung eintritt. Nur so kann man sicher sein, dass die Diät lange genug durchgehalten wurde, um auch Fälle mit einer späten Besserung zu erfassen. Und man muss bei der Dauer immer auch den Verlauf der Diät mit einbeziehen. Ist es z. B. zu Futterunfällen gekommen oder haben Sekundärinfektionen die Haut nicht zur Ruhe kommen lassen, so lohnt eine Verlängerung sicherlich.

In einer Literaturstudie[23], die über 209 Hunde mit cutanen adversen Futtermittelreaktionen einschloss, erwiesen sich acht Wochen als ausreichend, um 95 % der Hunde zu identifizieren, nur 5 % brauchten bis zu 13 Wochen, um eine vollständige Remission zu zeigen.

Tierärztliche Begleitung

Eine gute tierärztliche Begleitung ist ein nicht zu unterschätzender Faktor für eine erfolgreiche Durchführung einer Eliminationsdiät. Dabei ist nicht nur an die Beratung zu den Diätkomponenten gedacht, sondern vor allem an die initiale Behandlung von starkem Juckreiz und Entzündungen sowie die Kontrolle auf Sekundärinfektionen. Bei starkem Juckreiz sollte man den Hund zumindest in den Anfangswochen durchgehend davon befreien. Man verpasst dadurch in aller Regel noch keine deutlichen Verbesserungen, die brauchen ja bei der Haut zumeist etwas länger. Diese Initialbehandlung soll dem Hund nicht nur unnötiges Leiden ersparen. Sie verhindert auch, dass er die Hautstellen aufgrund des Juckreizes weiter „bearbeitet“ und die Haut nicht zur Ruhe kommt. Ähnliches gilt hinsichtlich entzündlicher Hautveränderungen.

Zur Behandlung des Juckreizes stehen heutzutage eine Vielzahl von Therapeutika zur Verfügung, aus denen der Tierarzt die jeweils zum Hund passenden auswählen kann. Diese können lokal und /oder systemisch angewandt werden. Es müssen nicht unbedingt Glukokortikoide („Cortisone“)* sein. Obwohl sie, besonnen eingesetzt, sehr hilfreich sein können, zum Beispiel zur

* s. dazu Glossar

kurzeitigen Behandlung eines akuten Allergieschubes. Eine neuere Studie[24] kam sogar zu dem Schluss, dass man mit einer kurzen, initialen Glukokortikoidbehandlung evtl. die Dauer einer Eliminationsdiät verkürzen kann. Und dies, obwohl häufig angegeben wird, dass Glukortikoide bei Futtermittelallergien nicht so gut helfen sollen.

Glukokortikoide sind körpereigene Wirkstoffe (Hormone), die in viele Stoffwechselvorgänge eingreifen. Die Verträglichkeit ist bei Hunden individuell sehr unterschiedlich. Insbesondere bei langer Anwendung kann es über die gewünschte Entzündungshemmung und Juckreizstillung hinaus zu verschiedenen, durchaus ernsten Nebenwirkungen kommen. Hier spielt natürlich die Art des Glukokortikoids und dessen Verabreichungsform auch eine Rolle. Kurzwirksame Glukokortikoide in Tablettenform ermöglichen eine flexiblere und weniger die körpereigenen Regulationsmechanismen beeinflussende Therapie als die Injektion langwirksamer Depots.

Neuere Medikamente wurden spezieller hinsichtlich der Verringerung des Juckreizes entwickelt. Früher hat man das Jucken als unterschwelligen Schmerzreiz aufgefasst. Es ist aber eine eigenständige Sinneswahrnehmung mit eigenen Nervenfasern und Rezeptoren. Entzündungsmediatoren wie z. B. das Histamin können diese stimulieren. Schmerz kann jedoch die Weiterleitung zum Gehirns unterdrücken. Deshalb hilft das intensive Kratzen, allerdings nur kurzfristig. Durch das Kratzen werden Entzündungen und Hautschädigungen verursacht bzw. aufrechterhalten. Durch die hierbei freigesetzten pruritogenen (juckenauslösende) Mediatoren kommt es dann zu weiterem Juckreiz. Zudem spricht man beim Menschen ähnlich dem Schmerzgedächtnis von einem Juckreizgedächtnis. Dies bedeutet, dass die Juckreizschwelle bei chronischem Verlauf sinkt. Man gewöhnt sich nicht daran.

Histamin ist nicht der einzige pruritogene Mediator. Beim Hund ist das Interleukin 31 (IL31) zunehmend in den Mittelpunkt des Interesses gerückt. Dieser Zellbotenstoff wird unter anderem von T-Lymphozyten gebildet und ist an der Juckreizstimulation beteiligt. Entsprechende Rezeptoren finden sich nicht nur an Nervenzellen, sondern z. B. auch an Hautzellen.

Erst vor ein paar Jahren ist es gelungen, einen gegen das IL31 gerichteten, monoklonalen* Antikörper herzustellen. Dieser kann zirkulierendes IL31 abfangen und blockieren, bevor es über die Bindung an Rezeptoren auf Nerven- oder Hautzellen seine Wirkung entfalten kann.

* Monoklonale Antikörper werden von einer Zelllinie (Zellklon) produziert, die von einem einzigen B-Lymphozyten abstammt. Sie sind hochspezifisch gegen ein einzelnes Epitop gerichtet.

Eine schon etwas früher entwickelte Wirkstoffgruppe (Januskinase-Hemmstoffe) greift später in den Reaktionsweg der Juckreizentstehung ein. Sie blockiert ein Enzymsystem (Januskinase 1), das in der Zelle die Signale der verschiedenen, an die Rezeptoren gebundenen entzündungsfördernden und juckreizstimulierenden Zytokine (u. a. des IL31) verarbeitet.

Wenngleich beide Wirkstoffe letztendlich auf das Interleukin 31 abzielen und einen raschen Wirkungseintritt versprechen, so gilt es doch, die Einsatzmöglichkeiten der Produkte anhand des konkreten Falles zu prüfen und dabei Unterschiede z.B. hinsichtlich Applikationsform, Wirkungsdauer und möglicher Nebenwirkungen zu berücksichtigen.

Die juckreizstillende Wirkung von den beim Menschen üblichen H1-Antihistaminika zeigte sich dagegen beim Hund als weniger wirksam, obwohl sie im Rahmen eines multimodalen Behandlungskonzeptes in Verbindung mit anderen Therapeutika bei manchen Hunden hilfreich sein können.

Ein schon etwas länger bei Allergien von Hunden eingesetzter entzündungshemmender und juckreizstillender Wirkstoff, das Ciclosporin, entfaltet seine Wirkung erst nach einigen Wochen vollständig. Deshalb kann es nicht als kurzfristig einsetzbare Therapieoption für die Begleitung einer Eliminationsdiät gelten.

Juckreiz lässt sich aber nicht nur durch die aufgeführten Präparate zur systemischen Juckreizstillung beeinflussen. Lokal anwendbare Pflegeprodukte wie Shampoos, Schäume, Sprays, Spot-ons, Cremes oder Lotionen können schon zur Verminderung des Juckreizes beitragen. Trockene, schuppige Haut profitiert von feuchtigkeitsspendenden Präparaten. Hafermehlextrakte sind zum Beispiel schon lange für ihre rehydrierende und juckreizmindernde Wirkung bekannt. Das Angebot an Produkten mit den verschiedensten Wirkstoffkombinationen ist groß. Die Auswahl richtet sich nicht nur nach dem Haut- und Beschwerdebild, sondern ebenso nach der Praktikabilität. Schließlich ist das Shampoonieren eines Neufundländers nicht mit dem eines Jack Russell Terriers zu vergleichen.

Shampoos für den Menschen eignen sich wegen ihres niedrigeren pH-Wertes nicht für die Anwendung am Hund. Der Haut-pH des Menschen mit seinem sogenannten Säureschutzmantel liegt um die 5, der des Hundes eher im Neutralen zwischen 7 und 7,4. Und unter den Hundeshampoos gilt es, das jeweils zu dem Zustand der Haut und den vorliegenden Infektionen passende auszuwählen. Hundehalter begegnen dem Shampoonieren oft etwas skeptisch, sehen die Shampoos eher als kosmetische Produkte, die womöglich bei häufiger Anwendung der Haut sogar schaden könnten. Medizinische Hundeshampoos dienen aber nicht der Schönheitspflege. Medizinische Shampoos werden zur Behandlung krankhaft veränderter Haut eingesetzt. Sie bieten über den Abwascheffekt hinaus die Möglichkeit, Wirkstoffe auf schonende Weise in Kontakt mit der Haut zu bringen. Dazu werden unter anderem Techniken wie die Mikroverkapselung der Inhaltsstoffe angewandt. Von großer Bedeutung ist, die empfohlenen Mindesteinwirkzeiten einzuhalten, bevor man das Shampoo mit klarem Wasser wieder ausspült. Die Behandlungsfrequenz wird der Tierarzt an den jeweiligen Fall anpassen.
Ebenso stehen bei den Ohrreinigern verschiedene, auf den jeweiligen Einsatzbereich abgestimmte Produkte zur Auswahl. Ohrreiniger ist nicht gleich Ohrreiniger! So wird man zum Beispiel Ansammlungen von zähem Ohrenschmalz nur schwer mit einem „Universal-Ohrenreiniger“ aus dem Zoofachhandel auflösen können. Die richtige Auswahl der Ohrreiniger trägt wesentlich zum Erfolg einer Behandlung bei. Deren Anwendungsbereiche gehen über den puren Reinigungseffekt hinaus. Je nach enthaltenen Wirkstoffen dienen sie zum Beispiel auch der antimikrobiellen Behandlung der Gehörgänge.

Zum Glück war Hündin Elli nicht wasserscheu, wenngleich sie auf das Baden zu Beginn der Eliminationsdiät auch ganz gern verzichtet hätte.

Neben dem Juckreiz sollten Sekundärinfektionen behandelt werden, damit die Haut überhaupt eine Chance hat, sich unter der neuen Diät zu regenerieren. Solche Sekundärinfektionen können auch während einer Diät erneut auftreten. Deshalb ist es sinnvoll, den Hund regelmäßig daraufhin zu kontrollieren. Dies gilt insbesondere für die Gehörgänge. Werden solche Sekundärinfektionen nicht behandelt, lässt sich der Erfolg einer Diät nur schwer einschätzen. Hinsichtlich weiterer Störfaktoren ist vor allem an Flöhe zu denken.

Zur Behandlung der Sekundärinfektionen eignen sich z. B. antimikrobielle Shampoos oder Schäume. Glücklicherweise handelt es sich ja meist um oberflächliche Hautinfektionen, die sich mit solchen lokal anwendbaren Präparaten gut behandeln lassen. Die chronischen Gehörgangsinfektionen stellen hingegen häufig eine besondere Herausforderung dar, und dies nicht nur wegen der schlechteren Zugänglichkeit.

In Zeiten der zunehmenden Antibiotikaresistenzen versucht man den Einsatz von Antibiotika, insbesondere den systemisch wirkenden, soweit wie möglich zu minimieren. Verschiedene Antiseptika wie z. B. Chlorhexidin oder Polyhexanid kommen in Shampoos, Schäumen, Sprays und Ohrreinigern zur Anwendung. Neuere Untersuchungen haben allerdings auch schon Resistenzbildung bei Antiseptika festgestellt. Einen weiteren Ansatz bieten antimikrobiell wirkende Peptide (AMP). Diese kurzen Proteinstücke sind als unspezifisch wirkende Abwehrsubstanzen im gesamten Tier- und Pflanzenreich verbreitet. So versucht man zum Beispiel mit bestimmten Pflanzeninhaltsstoffen in Shampoos die Produktion der körpereigenen antimikrobiellen Peptide (Defensine) in der Haut anzuregen. Andere Hersteller verwenden direkt künstlich hergestellte AMPs in ihren Produkten.

Dies alles stellt nur einen kleinen Einblick in die Therapieoptionen bei allergischen Hunden dar, hier zudem auch nur im Rahmen der zeitlich befristeten Begleitung einer Eliminationsdiät.

Ein langfristiges Allergiemanagement, wie es bei Allergien gegen Umweltreize gefordert ist, stellt zusätzliche Herausforderungen an Tierarzt wie auch Tierhalter. Denn während bei Futtermittelallergien weitere Allergieschübe schon durch die Vermeidung der allergenen Futterbestandteile verhindert werden können, muss man bei Umweltallergenen andere Wege finden, um dem Hund davor zu bewahren und ihm eine gute Lebensqualität zu schaffen.

Grundsätzlich erfordert aber jegliche Behandlung allergischer Hunde ein sehr individuelles Herangehen, um aus der Vielzahl an Therapieoptionen die zum einzelnen Hund passenden heraus zu finden. Deren Kombination im

Sinne eines multimodalen Allergiemanagements verspricht die größten Erfolgsaussichten.

Abschlussuntersuchung

Bei der Durchführung einer Eliminationsdiät besitzt die tierärztliche Abschlussuntersuchung einen besonderen Stellenwert. Im Nachhinein pauschal zu beantworten, ob und inwieweit es unter der Eliminationsdiät zu Verbesserung der Symptome gekommen ist, fällt oft schwer. Hierbei kann das Führen eines Tagebuches helfen (s. S. 111).

Manchmal bewahrt der neutrale Blick des Tierarztes auch davor, Hautveränderungen zu sehr zu beschönigen, weil man sich eine Verbesserung vielleicht allzu sehr gewünscht hat. Vor allem, wenn die äußeren Gehörgänge involviert waren, sollte man sich nicht nur auf den äußeren Augenschein verlassen. Nur mit einer otoskopischen/zytologischen Überprüfung kann man wirklich sicher sein, dass ein positiver äußerer Eindruck, das Verschwinden von Ohrenschütteln und Kratzen auch mit einer vollständigen Heilung der Gehörgänge einhergegangen ist. Und dies ist letztendlich für die Beurteilung des Diäterfolges entscheidend.

Ist hingegen keine deutliche Besserung der Symptome zu beobachten, muss festgestellt werden, ob die Beschwerden nicht vielleicht nur noch durch Sekundärinfektionen bedingt sind und gar nicht mehr von Allergenen im Futter herrühren. Sonst könnte das Futter fälschlicherweise vorschnell als Verursacher ausgeschlossen werden.

Die Erfolgskontrolle orientiert sich rein an den klinischen Veränderungen. Labortests wie der Nachweis von allergenspezifischen IgE helfen hier ebenso wenig wie bei der Diagnosestellung weiter.

Erfolg oder Misserfolg?

Bei alledem sollte man nicht vergessen, dass eine Eliminationsdiät ein Diagnoseverfahren und kein Therapieversuch ist. Richtig durchgeführt kann man auch dann von einer erfolgreichen Diät sprechen, wenn herauskommt, dass Futter nicht für die Probleme des Hundes verantwortlich sind. Dies ist zwar bedauerlich, weil eine Umweltallergie natürlich schlechter zu behandeln ist. Aber so kann man sich gezielt auf den eigentlichen Verursacher konzentrieren und erspart sich weitere frustrierende Futterwechsel.

Probleme bei der Eliminationsdiät

- **Mangelnde Akzeptanz:** Nicht immer ist die ausgewählte Eliminationsdiät so ganz nach dem Geschmack des Hundes. Insbesondere bei mäkeligen Fressern oder bei Hunden, die gelernt haben, dass es immer noch etwas Besseres gibt, kann es erst einmal zur kompletten Verweigerung kommen. Manchmal hilft es, das Feuchtfutter leicht zu erwärmen oder das Trockenfutter mit etwas Fleischbrühe (von der darin enthaltenen Tierart) einzuweichen. Auch mit der Kohlenhydratquelle (z. B. gekochte Süßkartoffeln) lässt sich Trockenfutter ein wenig aufpeppen. Im Gegensatz zur Katze, die man wegen der Gefahr von Leberstörungen nicht über mehrere Tage hungern lassen darf, schadet es Hunden aber nicht, wenn sie einige Mahlzeiten auslassen. Der Hunger siegt dann doch recht schnell und meist leidet der Besitzer mehr als der Hund. Und sollte es gar nicht gehen, wenn z. B. auch Versuche mit einem vergleichbaren Produkt anderer Hersteller scheitert, muss man eben eine andere Diät probieren.

- **Lieferengpässe:** Da man für die Eliminationsdiät nicht selten auf exotischere Futterbestandteile ausweichen muss, könnte es zu Lieferengpässen kommen. Hier muss man dann zwangsläufig auf etwas anderes umstellen. Die schon investierte Zeit muss aber nicht verloren sein. Bleibt man dem Prinzip treu, eine für den Hund neue und möglichst nicht mit den alten Futterquellen zu nah verwandte Komponente auszusuchen, sollte die Diät damit ohne Zeitverlust weitergeführt werden können.

- **Gewichtsverlust:** Dies ist insbesondere bei selbst zubereitetem Futter nicht selten. Zum einen sind die eingesetzten Fleischsorten oft sehr mager und zum anderen unterschätzt man, wieviel Kalorien der Hund bisher durch zusätzliche Gaben von Futter (der ausgeleckte Joghurtbecher, die Ecke vom Käse …) bekam, die ja nun tabu sind. Letzteres macht sich natürlich auch bei kommerziellen Eliminationsdiäten bemerkbar. Häufig sind die von Hundebesitzern selbst zusammengestellten Rationen etwas zu „fleischlastig“, und die Kohlenhydratquelle wird eher als kleine Beilage gesehen. Bei magerem Fleisch fehlen dann schnell einmal die notwendigen Kalorien. Allerdings können auch ausgeglichene Rationsvorschläge immer nur eine Richtschnur bieten, die nicht alle individuellen Unterschiede in der Verwertung und dem Energiebedarf abzudecken vermag. Hier muss man dann individuell gegensteuern, mit einer Erhöhung des Kohlenhydratanteils oder auch der Gesamtration. Ebenso lässt sich die Kalorienbilanz über die Zugabe von Fett der verwendeten Fleischquelle (soweit erhältlich) verbessern. Dies sollte aber einschleichend erfolgen, um den Verdauungstrakt nicht zu überfordern.

- **Verstopfung:** Zum Teil reagieren Hunde auf den geringen Anteil von Ballaststoffen in den hochverdaulichen Diäten mit hartem, trockenem Kot bis hin zur Verstopfung. Die Zugabe von Celluloseflocken eignet sich gut zum Ausgleich eines Ballaststoffmangels. Sie sind geschmacks- und geruchsneutral und bereiten deshalb kaum Akzeptanzprobleme. Wichtig ist wie bei den Fetten/Ölen eine einschleichende Zugabe (Ziel 0,5 – 1g / kg Körpergewicht). Als Orientierung kann die Kotbeschaffenheit dienen.

- **Verschlimmerung der Symptome:** Bei einer Verschlimmerung der Symptome sollte man erst Rücksprache mit seinem Tierarzt halten, bevor man die Diät einfach abbricht. Solch eine Verschlimmerung muss nicht unbedingt von der Eliminationsdiät herrühren, der zeitliche muss kein ursächlicher Zusammenhang sein. Dies sollte vom Tierarzt abgeklärt werden.* Denn bricht man die Diät vorschnell ab und füttert selbst nur kurze Zeit das alte oder andere „unsichere" Futter, muss damit gerechnet werden, dass alle Bemühungen der vergangenen Diätwochen umsonst gewesen sind. Man fängt dann wieder von vorne an.

Leni nahm unter einer Pferdefleisch-Süßkartoffel-Diät stark an Gewicht ab. Als Pointermix gehört sie zu einer Rassengruppe, die einen erhöhten Energiebedarf besitzt. Erst durch eine Erhöhung des Kohlenhydratanteils plus Zugabe von etwas Pferdefett ließ sich ihr Gewichtsverlust stoppen.

* Bei einer starken Verschlechterung, einem heftigen Allergieschub sollte der Hund sowieso umgehend dem Tierarzt vorgestellt werden.

Tipps zur Durchführung einer Eliminationsdiät

- Informieren Sie alle Verwandten und Bekannten, die normalerweise mit dem Hund in Kontakt kommen. Machen Sie Ihnen klar, wie wichtig es ist, nichts – auch nicht das kleinste bisschen – nebenher zu füttern. Im Zweifelsfalle verteilen Sie unter ihnen zur Eliminationsdiät passende Leckerchen.
- Außer Haus hat man bei fremden Menschen kaum die Gelegenheit für ausführliche Informationen. Da kann ein kurzer Hinweis auf dem Geschirr oder einem Nackentuch helfen.

Solch ein Hinweis auf dem Geschirr erspart zeitraubende Erklärungen.

- Wenn der Hund wegen anderer Erkrankungen oder einer Verletzung Medikamente während der Eliminationsdiät braucht, dann versichern Sie sich vorher, dass keine Aromastoffe zugesetzt sind. Immer mehr Medikamente für Hunde werden mit Aromastoffen wie Schweineleber, Hühner- oder Rindfleisch versetzt, damit die Verabreichung leichter fällt. Vorsicht, nicht immer ist dies auf den ersten Blick zu erkennen! Weisen Sie deshalb den verschreibenden Tierarzt ausdrücklich auf die Eliminationsdiät hin. Es gibt mehrere Berichte darüber, dass Hunde auf diese sogenannten flavourisierten Medikamente reagieren können, wenn sie gegen die Tierart des zugesetzten Aromas allergisch sind. Doch auch ohne bewusste Aromatisierung können verdeckte Allergenquellen in Medikamenten lauern. Viele Medikamentenkapseln bestehen aus Gelatine, einem Protein meist vom Schwein oder Rind.

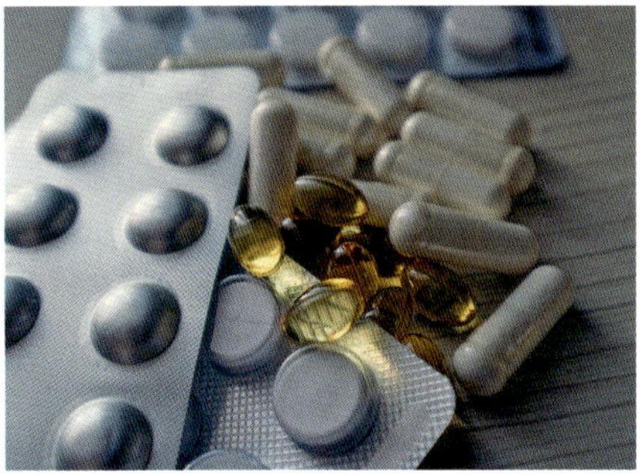

- Schauen Sie nach, ob irgendwo im Haushalt noch verdeckte Futterquellen vorhanden sein könnten. Manche Hunde bunkern gerne Leckerchen oder Kauknochen für schlechte Zeiten. Ein extremes Beispiel für ungeahnte „Futterquellen“ lieferte der Fall eines Hundes, der Katzenkot fraß und erst nachdem die Katze auch auf die Eliminationsdiät (entsprechend angepasst) gesetzt wurde, eine Besserung der Symptome zeigte.

Auch Pferdeäpfel gehören zu den verbotenen Futterquellen!

- Manchmal wird es problematisch, wenn mehrere Tiere im Haushalt leben. Selbst das Auslecken der schon leergefressenen Näpfe anderer Tiere im Haushalt kann die Diät gefährden. Ist eine getrennte Fütterung nicht möglich, könnte die Eliminationsdiät für alle die Lösung sein.

- Wenn Hunde auf Spaziergängen ständig nach Fressbarem stöbern, kann in extremen Fällen auch einmal Leinenzwang oder ein Maulkorb der letzte Ausweg sein, dennoch eine Eliminationsdiät durchführen zu können.

- Mit einem Tagebuch fällt es leichter, den Überblick über den Verlauf zu behalten. 8 – 12 Wochen sind eine lange Zeit! Es bietet die Möglichkeit, nicht nur die Veränderung der Symptome, sondern auch mögliche Störfaktoren wie Futterunfälle oder Kontakt zu anderen Allergenquellen zu notieren. Durch den täglichen Eintrag lassen sich der Verlauf und die Änderung der Symptome leichter überblicken.

3. Woche	Futter Hauptfutter und Leckerchen	Zusätze	Medikamente	„Futterunfälle“	Juckreiz -Stärke 1-10	Welche Hautstellen sind vom Juckreiz betroffen?	Ohrenprobleme 1-10	Hautentzündungen ohne Juckreiz	Magen/ Darm-Probleme	Andere Allergenquellen?*
Mo.										
Di.										
Mi.										
Do.										
Fr.										
Sa.										
So.										

* Kontakt zu „flohverdächtigen“ Tieren / Spielen, Stöbern im hohen Gras, Getreidefeldern...

Sonstige Bemerkungen:

Durch den täglichen Eintrag in ein Tagebuch für Eliminationsdiäten fällt es am Ende leichter, den Verlauf und den Erfolg einer solchen Diät zu beurteilen.

- Die Benutzung einer Skala von 1 – 10 vereinfacht die Einschätzung des Juckreizes. Aber auch ein gesunder Hund kratzt sich hier und da einmal!

Juckreiz-Skala zum Ankreuzen

10	Höchstgradiger Juckreiz: Hund leckt und kratzt fast durchgehend und reagiert nicht mehr auf Ablenkungen (s. u.), häufiges Aufwachen in der Nacht
8	Starker Juckreiz: Sehr häufig auftretende, langanhaltende Juckreizanfälle, manchmal auch bei Ablenkung (s. u.), regelmäßiges Aufwachen in der Nacht
5–6	Mittlerer Juckreiz: häufig wiederkehrende, längere Juckreizanfälle, aber nicht bei Ablenkungen (s. u.), manchmal Aufwachen in der Nacht
4	Geringer Juckreiz: Häufigere Juckreizanfälle, aber nicht nachts und nicht während des Fütterns, Spazierengehens oder sonstiger Ablenkungen
2	Sehr geringer Juckreiz, gelegentliches intensiveres Kratzen oder Lecken
0	Kein Juckreiz über das normale Maß hinausgehend, nur ab und zu einmal kurzes Kratzen

modifiziert nach Hill[25]

- Die Umstellung des Futters sollte nicht zu abrupt geschehen, nicht von einem auf den anderen Tag. Dies ist besonders wichtig, wenn man von Trocken- auf Feuchtfutter und erst recht auf Rohfütterung umstellt. So kann sich der die Darmflora an die neue Nahrung gewöhnen. Man fängt mit dem Austausch einer kleinen Menge des alten Futters gegen das neue an. Über eine Woche wird dann die Menge des neuen Futters täglich um den Anteil gesteigert, um den das alte Futter gleichzeitig vermindert wird.

Umstellung auf neues Futter

blau: Anteil altes Futter
gelb: Anteil neues Futter

- Störfaktor Futtermilben: Trockenfutter sollte immer gut verschlossen und nicht bei hohen Temperaturen gelagert werden. In verschiedenen Studien hat man festgestellt, dass auf diese Weise die Gefahr einer Kontamination mit Futtermilben minimiert ist. Lagerungsfehler zuhause scheinen das größte Risiko darzustellen, fabrikneue Futter waren Untersuchungen zufolge nicht oder nur minimal belastet. Ein Einfrieren, wie es so oft empfohlen wird, kann man sich demnach bei entsprechend sorgsamem Umgang ersparen. Es würde ohnehin nur die Vermehrung der vorhandenen Milben stoppen, die Allergene aber nicht eliminieren. Interessant ist, dass die perorale Aufnahme von Futtermilben einen Allergieschub bei hausstauballergischen Hunden auszulösen vermag. Um diesen Störfaktor auszuschließen, sollten die Trockenprodukte der Eliminationsdiät wie auch des alten Futters (für die Provokationsproben s. u.) entsprechend gelagert werden, notfalls gegen ein neues ausgetauscht werden.

- Bei selbst zubereiteten Diäten, insbesondere beim Barfen, sollte das ausgewählte Futter selbstverständlich hygienisch einwandfrei und von guter Verdaulichkeit sein. Denn sonst könnten Verdauungsstörungen unabhängig von allergischen Reaktionen zu einer Verschlechterung der gastrointestinalen Symptome führen.
- Das alte Futter muss man nicht direkt wegwerfen oder verschenken. Wenn es die Haltbarkeit erlaubt, kann man es aufbewahren und dann bei den Provokationsproben einsetzen.
- Geduld und Konsequenz sind die wichtigsten Tugenden während einer Eliminationsdiät!

Auch solchem Blick darf man nicht nachgeben. Der Lieblingskauknochen ist während der Eliminationsdiät tabu.

Provokationsproben

Durch die Provokation mit dem alten Futter lässt sich zwar dieses als Ursache der Beschwerden bestätigen. Dies beantwortet aber noch nicht die Frage, welcher Bestandteil des alten Futters denn nun der Auslöser war. Hierzu müsste man die Bestandteile einzeln austesten und dabei auch daran denken, dass der Hund unter Umständen auf mehrere Komponenten allergisch sein könnte. Es ist aber nicht sinnvoll, um Zeit zu sparen direkt mit den

Einzeltests anzufangen. Wenn es durch die Provokation mit dem alten Gesamtfutter nicht zu einer Verschlechterung kommt, kann man sich die zeitaufwendigen Einzeltests ersparen. Und manchmal findet man bei einer Einzelprüfungen gar keinen Schuldigen, weil es z. B. an nichtdeklarierten Komponenten lag.

Bei ersten Anzeichen einer Verschlechterung, des erneuten Auftretens der alten Symptomatik wird die Provokation selbstverständlich sofort abgebrochen und zum sicheren Eliminationsdiätfutter zurückgegangen. Auf diese Weise lässt sich in der Regel eine gravierende Verschlechterung vermeiden und der Hund wird sich schnell mit dem sicheren Futter erholen.

Insbesondere wenn der Hund vorher unter starken Krankheitssymptomen litt, wird häufig die Frage gestellt, ob man denn nicht auf die Provokation verzichten und einfach die Eliminationsdiät weiterfüttern könne. Dieses Ansinnen ist verständlich. Und bei sehr gravierenden, durch die Allergie ausgelösten Krankheitsprozessen will dies auch wohlüberlegt sein. Man muss sich nur im Klaren sein, dass die Eliminationsdiät dann eher Therapieversuch als Diagnostik war. Ob es wirklich am Futter lag, bleibt offen. Und evtl. kehren die Beschwerden zurück, wenn doch geänderte Umweltbedingungen dahinterstanden. Oder man füttert unnötig ein teures Diätfutter bzw. macht sich die Mühe der Selbstzubereitung, obwohl der Auslöser doch ein ganz anderer war.

Darüber, wie lange denn diese Tests jeweils dauern sollten, gibt es unterschiedliche Angaben. Sind Allergene im Futter enthalten, werden viele Hunde laut verschiedener Studien schon in den ersten Tagen Symptome zeigen, bei manchen kann es aber wegen verzögerter Reaktionen doch einige Tage dauern. So schwanken die Empfehlungen von 7 bis zu 14 Tagen. Mit den zwei Wochen hofft man, auch die Spätzünder noch zu erreichen.

Ein gewisser Anteil der Hunde zeigt trotz Verbesserung unter der Eliminationsdiät keine Verschlechterung auf die erneute Gabe des alten Futters. Das kann daran liegen, dass die Beschwerden eben nicht futterbedingt sind. Man darf aber auch nicht Fehler bei der Provokation ganz außer Acht lassen. Eine unvollständige Futteranamnese (Leckerchen) könnte z. B. zu einer Provokation mit dem falschen Futter geführt haben.

Eliminationsdiät und Provokation

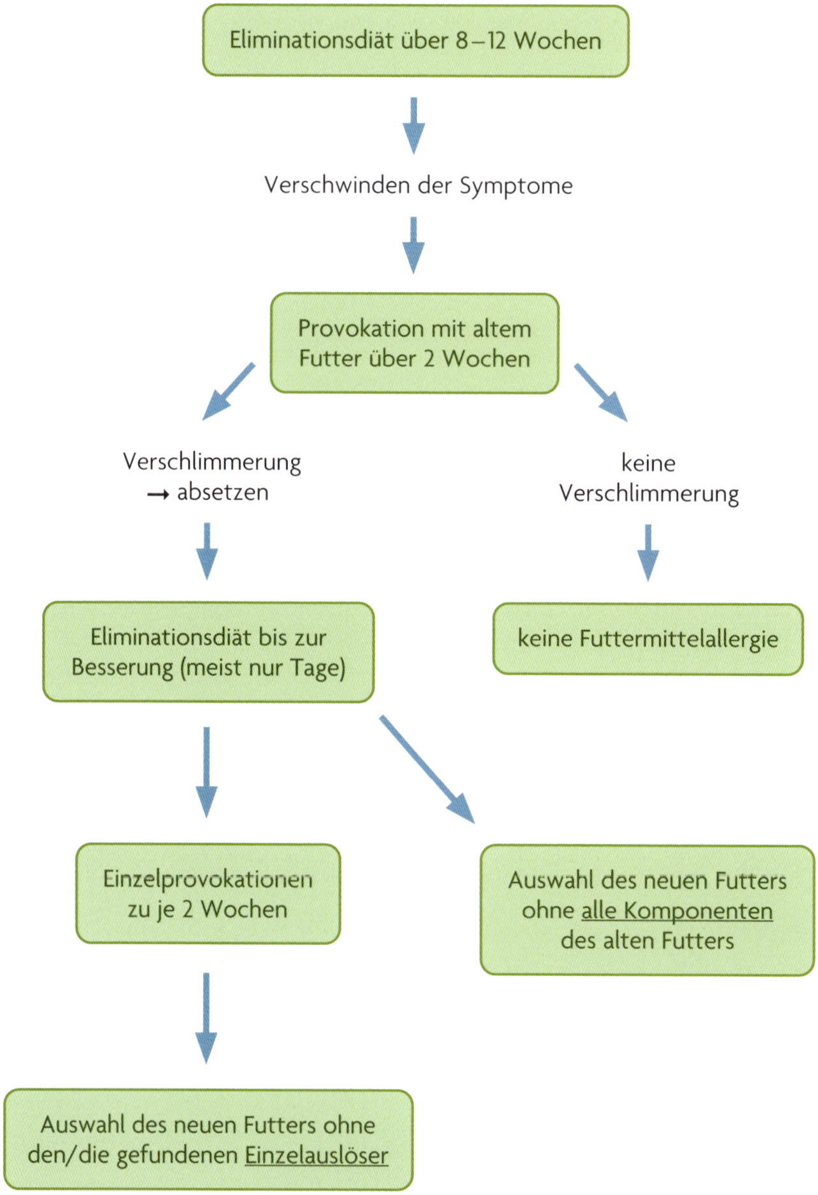

6. Wie geht es weiter?

Die Therapie einer Futtermittelallergie basiert auf der Vermeidung der gefundenen allergenen Futterbestandteile.

Allergenspezifische Immuntherapien (Hyposensibilisierungen) werden beim Hund schon länger zur Therapie bei Allergien gegen Umweltallergene eingesetzt. Bei diesen kann man aber das Allergen auch nicht einfach vermeiden. Durch die Verabreichung kleiner Mengen einer Allergenlösung soll das Immunsystem so moduliert werden, dass es das Allergen wieder toleriert. Hierzu wird das Allergen zuerst in steigender Dosierung und später als Erhaltungsdosis in bestimmten Zeitabständen verabreicht. Dies kann entweder klassisch als Injektion unter die Haut, aber je nach Allergen auch als Tropfen unter die Zunge (sublingual) geschehen.

Durch die allergenspezifische Immuntherapie (ASIT) kommt es unter anderem zu einem Anstieg von allergenbindenden IgG-Antikörpern, einem Absinken der allergenspezifischen IgE sowie einer Stimulation regulierender T-Zellen.

Beim Menschen sind Versuche der Hyposensibilisierung mit Nahrungsmittelallergenen vor dem Hintergrund zu sehen, dass die Gefahr besteht, durch verborgene Allergene lebensbedrohliche anaphylaktische Schocks zu erleiden. Man experimentiert unter anderem mit verschiedenen Verabreichungswegen für Erdnussallergene.

Auch wenn beim Hund keine vergleichbaren Gefahren bestehen, gibt es erste Versuche, durch die sublinguale Verabreichung von Futterallergenen eine Verbesserung der klinischen Erscheinungen zu erreichen.

Die Vermeidung der Nahrungsmittelallergene bleibt aber vorerst die wichtigste Maßnahme. Dabei stehen mehrere Möglichkeiten zur Auswahl. Man kann, aber muss nicht unbedingt beim Futter der Eliminationsdiät bleiben.

Beibehalten des Eliminationsdiätfutters

Bei kommerziellen Alleinfuttermitteln ist dies ohne weiteren Aufwand möglich. Hat man selbst das Futter für die Eliminationsdiät zubereitet, sollte, wenn bisher noch nicht geschehen, die Ration auf jeden Fall von einem/r tierärztlichen Ernährungsexperten/tin überprüft werden. So riskiert man keine Unter- oder Überversorgung mit Nährstoffen.

Umstellung auf neues Futter

Für den begrenzten Zeitraum der Eliminationsdiät sind exotische Komponenten oder auch das selber Zubereiten meist vertretbar, auf Dauer dann aber evtl. doch zu aufwendig oder finanziell nicht tragbar. Dies ist insbesondere bei großen Hunden mit dem entsprechenden Appetit problematisch.

Hat man in Einzeltests die jeweiligen allergenen Futterbestandteile identifizieren können, fällt dies Auswahl neuer Futter(komponenten) natürlich leichter. Wurde es bei der Provokation mit dem gesamten alten Futter belassen, wird es zwangsläufig mehr Einschränkungen geben.

Grundsätzlich lassen sich hier zwei Vorgehensweisen unterscheiden:

- schrittweises Einführen neuer Komponenten
- sofortige Umstellung auf ein komplettes Futter

Im ersten Fall ergänzt man jeweils nur einen Bestandteil im Zweiwochenrhythmus. Erfolgt eine negative Reaktion, wird dieses neue Futtermittel sofort weggelassen und die Eliminationsdiät allein (oder mit den bisher schon als sicher herausgefundenen Komponenten) weiter gefüttert, bis die Symptome wieder vollständig verschwunden sind. Hierfür muss man aber nicht wieder mit bis zu 8 – 12 Wochen rechnen. Es nimmt je nach Ausprägung nur wenige Tage in Anspruch. Sollte es länger anhalten, lohnt es sich, den Hund aus den schon geschilderten Gründen beim Tierarzt (z. B. auf Sekundärinfektionen) überprüfen zu lassen. Um einen neuen Bestandteil einzuführen, kann man zum Beispiel eine neue Fleischsorte als Leckerchen dazu füttern. Man könnte aber auch die ursprüngliche Fleischkomponente durch die neue ersetzen.

Dies alles stellt natürlich einen erheblichen Zeitaufwand dar. Trotzdem wählen viele Besitzer diesen Weg, um vom sicheren Eliminationsdiätfutter ausgehend immer nur einen Bestandteil neu einzuführen. Auf diese Weise entsteht eine Liste von sicheren Futterbestandteilen, aus denen man dann ein neues Futter zusammenstellen kann. Bei der Selbstzubereitung ist wiederum an die Ausgewogenheit zu denken. Die Liste kann aber auch die Grundlage für die Auswahl eines kommerziellen Produktes sein. Wie schon bei der Wahl des Eliminationsdiätfutters beschrieben, könnte es aber in Einzelfällen evtl. doch zu Reaktionen kommen, obwohl die Einzelkomponenten vertragen wurden.

Mit einer Umstellung direkt auf ein komplettes neues (kommerzielles) Futter kann man zwar Zeit sparen, bei negativen Reaktionen lässt sich aber der Schuldige nicht direkt identifizieren, egal ob nun selbst zubereitet oder als kommerzielles Produkt. Durch die Auswahl eines der Futterprodukte mit neuen und limitierten Bestandteilen lässt sich das Risiko zwar minimieren, aber nicht ganz ausschließen. Da hier gleich alles neu ist, sollte man diese Umstellung auch wieder nicht zu abrupt von einem auf den anderen Tag durchführen.

Wie füttert man nach der Diagnose Futtermittelallergie weiter?

Beibehalten des Eliminationsdiätfutters:	• ohne Veränderungen bei schon ausgewogener Ration • mit Ergänzungen zur Ausgewogenheit mit Öl, Vitaminen, Mineralstoffen und Spurenelementen • mit Ergänzungen, um Abwechslung zu bieten
Umstellen auf ein neues Futter:	• schrittweises Austesten einzelner Futterkomponenten → Liste mit sicheren Komponenten: – Zusammenstellung eines eigenen Futters – Auswahl eines kommerziellen Futters • sofortige Umstellung auf ein komplettes Futter*: – selbst zubereitet – kommerziell

*orientiert an den Provokationsproben (am besten Einzelprovokationen)

Langfristige Aussichten

Da sich der Kontakt zu Futtermittelallergenen durch ein konsequentes Futtermanagement vermeiden lässt, sind die langfristigen Aussichten sehr gut. Doch auch wenn man seinen Hund mit einem passenden Futter gut eingestellt hat, sollte man sich immer bewusst sein, dass die Allergie nicht geheilt ist und weiter bestehen bleibt. So kann es aus unterschiedlichen Gründen doch immer wieder einmal zu allergischen Schüben kommen:

- Solche Schübe sind bei kurzen Futterunfällen in der Regel selbstlimitierend und nach ein paar Tagen wieder vergessen. Sollte es doch zu sehr heftigen Symptomen kommen oder der Schub länger anhalten, ist eine Kontrolle durch den Tierarzt anzuraten. Extremer Juckreiz kann schnell zu Selbstverletzung führen und auch Sekundärinfektionen sind nicht ausgeschlossen.

- Versteckte Allergene können ebenfalls zu Problemen führen. Hier ist unter anderem an aromatisierte Medikamente zu denken. Bei Allergien gegen Rind, Schwein und Huhn ist hier größte Vorsicht geboten, denn von diesen Tierarten stammen die hauptsächlich eingesetzten Aromastoffe.

- Unter Umständen kann es auch bei Chargenänderung des Futters zu Reaktionen kommen. Sollte die Deklaration vage Angaben zur Herkunft einzelner Bestandteile enthalten (z. B. Tierfett, pflanzliche Öle), müssen Quellenänderungen ja nicht direkt in der Zusammensetzungsliste ersichtlich sein.

- Möglicherweise wird der Hund im Laufe der Jahre auf Bestandteile des Diätfutters allergisch, auch wenn in Studien die meisten Hunde ein Futter schon mehr als zwei Jahre gefressen hatten, bis sie darauf allergisch reagierten.

- Da Futterallergiker dazu neigen, zusätzlich weitere Allergien zu entwickeln, ist es ratsam, der Ausbildung einer Flohallergie mit einer guten Flohprophylaxe vorzubeugen.

- Bei einem Aufflammen der Hautsymptome sollte man immer in Betracht ziehen, dass es auch an einer zusätzlich entwickelten Allergie gegen Umweltallergene liegen könnte. Gemäß der Schwellenwerthypothese (s. S. 44) lassen sich aber verbliebene Umweltallergien bei gut eingestellter Futtermittelallergie oft leichter managen.

Amira litt jahrelang an Hefepilzinfektionen der Gehörgänge. Mit einer Pferdefleisch- und Kartoffel-Eliminationsdiät wurde das Futter als Auslöser identifiziert. Und glücklicherweise gehört sie zu der Gruppe der reinen Futtermittelallergiker. Allein durch eine entsprechend sorgfältige Futterwahl ist sie seit langem beschwerdefrei geblieben.

Und Clooney – so schließt sich der Kreis in diesem Buch wieder – zeigt, dass man auch mit einer Kombination aus Futtermittel- und Umweltallergie das Leben in vollen Zügen genießen kann.

7. Anhang

Danksagung

An dieser Stelle möchte ich mich gerne bei all denen bedanken, die zur Verwirklichung dieses Buchprojektes beigetragen haben, insbesondere

- Gisela Rau vom Kynos-Verlag für ihr Engagement sowie die angenehme und konstruktive Zusammenarbeit, die ich schon bei vorangegangenen Buchprojekten sehr zu schätzen wusste
- Doris Zigann, die mich in der Umsetzung dieser Buchidee immer wieder bestärkt hat und es als meine Partnerin geduldig ertragen hat, wenn ich mich im letzten Jahr so oft zum Schreiben zurückzog
- Jürgen Latzke, ohne dessen freundschaftliche Hilfe bei der Bearbeitung der Fotos eine Bebilderung in dieser Form undenkbar gewesen wäre
- Dr. Stefanie Handl, von der die Rationsvorschläge für Eliminationsdiäten stammen
- Meinen Patientenbesitzern, die es erlaubten, Fotos und teilweise auch etwas aus den Krankengeschichten ihrer Hunde in das Buch aufzunehmen: Karin Annen, Elisabeth Elbert, Maga Goss, Familie Hartmann, Pamela Lee, Familie Mörs, Hermann Müller, Claudia Schmaler, Yael und Dr. Ralf Schnelle, Andrea Stockmann und Familie Tamm.
- Debra Bardowicks, Maga Goss, Jürgen Latzke, Dr. Ralf Schnelle und Nicole Schick für ihre tollen Fotos.

Und schließlich möchte ich die Gelegenheit nutzen, um mich bei denen zu bedanken, die meinen Weg zur Dermatologie begleitet und gefördert haben:

- Dr. Astrid Thelen, von der ich so viel lernen durfte und die meine Art, die Dermatologie zu betreiben nachhaltig geprägt hat
- Dr. Peter Engelhardt und Dr. Marcus Hess, die mir in der Tierklinik Neandertal die Möglichkeit zur längeren dermatologischen Fortbildung geboten haben
- Dr. Carlo Pingen und Dr. Santiago Navarra, die es mir in ihrer Praxis ermöglicht haben, einen Dermatologie-Bereich aufzubauen und nach meinen Vorstellungen zu gestalten
- und zu guter Letzt unserem Westie Clooney, gab er doch den Anstoß dazu, mich vollends der Dermatologie zuzuwenden.

Adressen

Adressen für fachtierärztliche Ernährungsberatung und Rationsberechnungen

Futterambulanz
Dr. Stefanie Handl
Reisnerstraße 7
1030 Wien
Tel: (+43) 01 / 955 44 12
Web: www.futterambulanz.at
E-Mail: anfrage@futterambulanz.at

Tierärztliche Ernährungsberatung
Dr. Susan Kröger
c/o Institut für Tierernährung, FU Berlin
Königin-Luise-Str. 49, 14195 Berlin
www.tierernaehrung-kroeger.de
info@tierernaehrung-kroeger.de
Mobil: 0157 / 80 69 16 09
Festnetz: 030 / 93 91 04 94

Futtermedicus
Dr. Natalie Dillitzer
Dachauer Straße 47
82256 Fürstenfeldbruck
Tel: 08141 / 88 89 30
info@futtermedicus.de
www.futtermedicus.de

Napfcheck
Dr. Julia Fritz
Poststr. 6
82152 München-Planegg
Tel: 089 / 85 64 26 00
info@napfcheck.de
www.napfcheck.de

Tierarztsuche

Auf der Website der Deutschen Gesellschaft für Veterinärdermatologie e.V. www.dgvd.org kann man unter dem Punkt Tierarztsuche über Ort, Postleitzahl, Bundesland oder Namen nach DGVD-Mitgliedern in der Nähe suchen.

Glossar

A

Adverse Futtermittelreaktionen (AFR)
Alle „negativen bzw. nachteiligen“ Reaktionen auf Futtermittel, unabhängig von den zugrundeliegenden Krankheitsmechanismen

Allergen
Körperfremder, eigentlich unschädlicher Stoff, gegen den das Immunsystem eine überschießende Abwehrreaktion ausbildet. Jedes Allergen ist ein Antigen, aber nicht jedes Antigen wird zum Allergen (siehe auch Antigen und Allergie).

Allergenspezifische Immuntherapie (Hyposensibilisierung)
Therapie zur Modulation der Immunreaktion gegen ein spezielles Allergen. Durch die regelmäßige Verabreichung kleiner Mengen einer Allergenlösung soll das Immunsystem lernen, dieses Allergen wieder zu tolerieren.

Alopezie
Haarausfall/-verlust

Aminosäuren
Grundbausteine der Peptide und Proteine. Die Bezeichnung dieser biochemischen Verbindungen geht auf die Stickstoff enthaltende Aminogruppe zurück.

Anamnese
Krankengeschichte

Angioödem
Akut auftretende Schwellung (Ödem) von Haut und Unterhaut, oft auch als Quincke-Ödem bezeichnet

Antigen
Stoffe bzw. molekulare Strukturen, die an Antikörper oder Rezeptoren von Lymphozyten gebunden bzw. von diesen erkannt werden können. Es gibt körperfremde wie auch körpereigene Antigene, sogenannte Autoantigene. Bei Fehlregulationen kann es bei körperfremden Antigenen zu Allergien, bei körpereigenen Antigenen zu Autoimmunerkrankungen kommen.

Antikörper
(Immunglobuline); Glykoproteine, die von speziellen B-Lymphozyten (Plasmazellen) als Reaktion auf den Kontakt zu einem Antigen gebildet werden. Antikörper-Antigen-Bindungen sind sehr spezifisch. Man unterscheidet verschiedene Antikörperklassen (IgA, IgM, IgG, IgE, IgD). Das IgE spielt eine besondere Rolle bei allergischen Reaktionen.
Antikörper in Futtermitteln können als körperfremde Glykoproteine selbst zum Zielpunkt allergischer Reaktionen werden (zum Beispiel das bovine IgG im Rindfleisch).

apathogen
keine Krankheiten verursachend

Atopie
genetische Prädisposition zur Ausbildung allergischer Erkrankungen/Reaktionen (unter Beteiligung von IgE-Antikörpern)

B

Biopsie
Entnahme einer Gewebeprobe

C

Campylobacter
Bakteriengattung, deren Spezies u.a. Magen-Darminfektionen verursachen, in diesem Zusammenhang aber vereinzelt auch mit Störungen des Nervensystems in Verbindung gebracht werden (Guillain-Barré-Syndrom beim Menschen, akute Polyradiculoneuritis beim Hund)

Canine Atopische Dermatitis (CAD)
Genetisch prädisponierte, entzündliche und juckende allergische Hautkrankheit mit charakteristischen klinischen Merkmalen assoziiert mit IgE-Antikörpern, die zumeist gegen Umweltallergene gerichtet sind. *(Task Force/CAD 2010)*
Die Einführung der Begriffe einer „Futter induzierten atopischen Dermatitis" (FIAD) und „Nicht Futter induzierten atopischen Dermatitis" (NFIAD) weist darauf hin, dass das klinische Bild einer atopischen Dermatitis nicht nur von Umweltallergenen, sondern auch von Futtermitteln hervorgerufen werden kann.

Cerumen
Sekret der Drüsen in den äußeren Gehörgängen („Ohrenschmalz")

Colitis
Dickdarmentzündung

Cortison/Kortison:
Cortison(e) wird im allgemeinen Sprachgebrauch oft als Oberbegriff für die Glukokortikoide benutzt, ist im wissenschaftlichen Sinne aber nur die Vorstufe für das hormonell wirksame Cortisol. *Siehe auch Glukokortikoide*

cutan
die Haut betreffend (Cutis = Haut)

Cutane Adverse Futtermittelreaktionen (CAFR)
die Haut betreffende nachteilige Futtermittelreaktionen

D

Dermatophyten
Fadenförmige, sporenbildende Pilze, die eine Pilzinfektion der Haut (Dermatophytose) hervorrufen können. Zur Diagnose werden Pilzkulturen oder der Nachweis des Dermatophyten-Erbgutes (PCR-Untersuchung) eingesetzt.

Dysbiose
Ungleichgewicht von verschiedenen Bakterienarten in einem bestimmten Körperbereich, wie zum Beispiel eine Verschiebung in der Zusammensetzung der Darmflora

E

Ektoparasiten
Parasiten, die auf (bzw. in) der Haut des Wirtstieres zu finden sind, wie z.B. Flöhe, Zecken, Milben

Epitope
molekulare Abschnitte eines Antigens, die eine spezifische Immunantwort (z. B. Antikörperbildung bzw. -bindung) auszulösen vermögen

Enteropathie
Darmerkrankung

Erythem
Rötung

F

FIAD
„Futter induzierte atopische Dermatitis", siehe canine atopischen Dermatitis (CAD)

Futtermittelresponsive Enteropathie
Darmerkrankung, die auf eine Änderung des Futters anspricht

G

Glukokortikoide/Glucocorticoide:
Oberbegriff für eine in der Nebennierenrinde (Cortex=Rinde) gebildete Hormongruppe, die viele Stoffwechselprozesse beeinflussen, unter anderem den Zuckerstoffwechsel (Glukose). Therapeutisch macht man sich v. a. ihre entzündungshemmenden und juckreizstillenden Eigenschaften zunutze.

Glykoproteine
Proteine mit anhängenden Kohlenhydratgruppen

H

Hefepilze
Einzellige Pilze, die sich über Sprossung bzw. Zellteilung vermehren. Die medizinisch relevanten Hefepilze, wie zum Beispiel Candida- oder Malassezia-Arten, finden sich oft in der normalen Keimflora bei Mensch und Tier. Unter bestimmten Voraussetzungen können sie sich aber stark vermehren und zu Krankheitssymptomen führen. Ihr Nachweis lässt sich meist schon durch eine zytologische Untersuchung einer Abklatschprobe führen.

Histamin
Biogenes Amin, das im Körper vielfältige Funktionen besitzt, vor allem aber an Abwehr- und Entzündungsreaktionen beteiligt ist (Entzündungsmediator)

Hot spot
(Pyotraumatische Dermatitis); Eine sich schnell entwickelnde, lokalisierte eitrige Hautentzündung, für deren Entstehung die Selbstverletzung durch den Hund eine wesentliche Rolle spielt

Hydrolyse
Ganz allgemein bezeichnet dies die Spaltung einer chemischen Verbindung unter Einwirkung von Wasser. Auf die Spaltung von Futtermittelproteinen bezogen, handelt es sich um die Aufspaltung der größeren Proteinmoleküle in kleinere Fragmente, in Peptide oder sogar Aminosäuren. Hierzu werden bestimmte proteinspaltende Enzyme, sogenannte Proteasen, eingesetzt. Von der Hydrolyse von Futtermitteln verspricht man sich neben einer höheren Verdaulichkeit auch eine verringerte Allergenität.

I

Interleukin 31 (IL31)
Juckreizstimulierender Zellbotenstoff

Intracutantest
Untersuchungsmethode bei der eine Allergenlösung in die Haut injiziert wird (intracutan). Durch eine Mastzelldegranulation kann es in kurzer Zeit zu einer Quaddelbildung kommen. Dies weist auf eine Sensibilisierung gegen dieses Allgergen in Form von IgE-Antikörpern auf den Mastzellen hin. Es beweist jedoch nicht das Vorliegen einer klinisch manifestierten Allergie gegen dieses Allergen.

K

Klinische Relevanz
Bedeutung im Hinblick auf die Ausbildung klinisch erfassbarer Krankheitsprozesse

Kreuzreaktion, allergische
Immunologische Reaktion auf unterschiedliche Allergene, die identische oder sehr ähnliche Epitope besitzen wie das Allergen, gegen das die Antikörper (oder Immunzellen) ursprünglich gerichtet sind

Keratinisierungsstörungen
Störung der normalen Verhornungsprozesse der Haut

L

Lichenifikation
chronische Veränderung der Haut in Form einer verdickten und lederartigen Hautstruktur

M

Mastzellen
Zellen des Immunsystems, in denen eine Vielzahl von Botenstoffen, wie z. B. Histamin, in mikroskopisch sichtbaren Körnchen (Granula) gespeichert sind

Mastzelldegranulation
Durch unterschiedliche Mechanismen auslösbare Ausschüttung der Botenstoffe aus den (Granula der) Mastzellen, z. B. im Rahmen allergischer Sofortreaktionen durch die Bindung eines Allergens an zwei auf der Oberfläche der Mastzellen gebundenen IgE-Antikörper

Microbiom/Microbiota
Bezeichnungen, die oft synonym für die Gesamtheit aller Mikroorganismen auf und in einem Organismus benutzt werden. Der Begriff des Microbioms im engeren Sinne bezeichnet die Gesamtheit des Erbgutes, der genetischen Information der Mikroorganismen, insbesondere der Bakterien.

Monoklonale Antikörper
Monoklonale Antikörper werden von einer Zelllinie (Zellklon) produziert, die von einem einzigen B-Lymphozyten abstammt. Sie sind hochspezifisch gegen ein einzelnes Epitop gerichtet. Bei den normalen Abwehrvorgängen im Körper kommt es hingegen zu Bildung polyklonaler Antikörper, die an verschiedene Epitope eines Antigens (z. B. eines Bakteriums) binden können. Monoklonale Antikörper werden in der Diagnostik wie auch zur Therapie eingesetzt.

Multimodale Therapie
Therapieform, bei der mehrere Behandlungsansätze kombiniert werden

N

NFIAD
„Nicht Futter induzierte atopische Dermatitis", siehe canine atopische Dermatitis (CAD)

O

Orales Allergiesyndrom
Allergiesyndrom, dessen Symptome (Brennen, Rötung, Schwellung) sich im Bereich des Mundes zeigen. Beim Menschen häufig als Kreuzallergie gegen rohes Obst und Gemüse aufgrund einer primären Pollenallergie.

Orale Toleranz
Die Ausbildung einer Toleranz gegenüber körperfremden Substanzen, die über den Mund (peroral) aufgenommen werden

Otitis externa
Entzündung des äußeren Gehörganges

Otoskopie
Optische Untersuchung des äußeren Gehörgangs und des Trommelfells.

P

Pathogenese
Entstehung und Entwicklung einer Erkrankung

Peptid
Verbindung aus mehreren Aminosäuren. Bei bis zu 10 Aminosäuren spricht man von Oligopetiden. Proteine bestehen aus charakteristisch angeordneten Peptidketten.

perianal
in der Umgebung des Anus, der Afteröffnung

Perianalfisteln
Tiefliegende Entzündungsherde in der Umgebung des Anus, deren eitriges Sekret sich über Fistelkanäle entlädt. Die Ursachen sind noch nicht abschließend geklärt, es werden aber Störungen des Immunsystems vermutet.

Pododermatitis
Entzündung der Pfoten(haut)

Prädiktabilität (negative)
Zuverlässigkeit einer Vorhersage, dass ein Ereignis (nicht) eintreten wird

Prävalenz einer Krankheit
Die Häufigkeit einer Krankheit in einer bestimmten Population

Prebiotika
Fermentierbare Kohlenhydrate, die als Nahrung für probiotischen Bakterien dienen und somit die Darmflora positiv beeinflussen sollen, wie zum Beispiel Inulin oder Fructooligosaccharide (FOS)

Probiotika
lebende Mikroorganismen, die dem Menschen einen gesundheitlichen Vorteil bringen, wenn sie in ausreichender Menge aufgenommen werden« (Definition der WHO/FHO 2001)

Proteine
(Eiweiße); Makromoleküle, die aus charakteristisch angeordneten Peptidketten bestehen

Pruritus
Jucken, eine unangenehme Sinneswahrnehmung, die Abwehrreaktionen, z. B. Kratzen provoziert. Die Begriffe Juckreiz und Jucken werden meist synonym verwendet, obwohl bisweilen schon auf den Unterschied zwischen dem Reiz und der Empfindung hingewiesen wird. (z. B. Leitlinie zur Diagnostik und Therapie des chronischen Pruritus (S2) des Menschen).

„Pruritus sine materia“
Jucken ohne offensichtliche Veränderung der Haut

Pseudomonas
Gattung stäbchenförmiger Bakterien, unter denen einige Spezies (wie Pseudomonas aeruginosa) hartnäckige Infektionen (z. B. der Gehörgänge) hervorrufen können. Dabei spielen u.a. Antibiotikaresistenzen und Biofilmbildung eine Rolle.

Pyodermie
Eitrige Hautentzündung

S

Sekundärinfektion
Infektion, zu deren Ausbildung erst eine primäre Schädigung/Erkrankung erforderlich ist

Sebadenitis (granulomatöse)
Erkrankung, die zu Entzündung und Zerstörung der Talgdrüsen führt

Seborrhoe
Gesteigerte Hautfettproduktion

Staphylococcus pseudintermedius
Kugelförmiges Bakterium, das sich in der Hautflora von Hunden findet, aber unter bestimmten Umständen (Wunden oder primäre Erkrankungen, wie z. B. Allergien oder hormonelle Störungen) eitrige Entzündungen hervorzurufen vermag

Sonographie
Bildgebendes, nicht invasives Verfahren mit Hilfe von Ultraschall(wellen)

U

Urtikaria
Nesselsucht

Z

Zöliakie
Chronisch-entzündliche Erkrankung des Magen-Darm-Trakts beim Menschen, die auf eine Reaktion gegen Gluten, dem Klebereiweiß (z. B. aus dem Weizen), zurückgeführt wird. Bei der Zöliakie richtet sich die Abwehrreaktion nicht nur gegen das Klebereiweiß, sondern auch gegen gewebseigene Enzyme in der Darmschleimhaut. Sie ist von allergischen Reaktionen gegen Weizenproteine (Weizenallergie) zu unterscheiden.

Zytokine
Zellbotenstoffe, die der Signalübertragung zwischen den Zellen dienen und großen Einfluss auf die Regulation von immunologischen Prozessen besitzen

Zytologische Untersuchung (eines Haut-/ Ohrenabstrichs)
Routineuntersuchungsmethode der dermatologischen Diagnostik, bei der über speziell gefärbte Abstriche schnell ein Überblick über die bei einer Hautveränderung beteiligten Zellen (z. B. Immunzellen) und Mikroorganismen gewonnen werden kann

Literaturquellen

Speziell gekennzeichnete Quellen

1 Olivry, T., Mueller, R.S. Critically appraised topic on adverse food reactions of companion animals (3): prevalence of cutaneous adverse food reactions in dogs and cats. BMC Vet Res 13, 51 (2017). https://doi.org/10.1186/s12917-017-0973-z

2 Rosser EJ Jr., Diagnosis of food allergy in dogs. Journal of the American Veterinary Medical Association. 1993 Jul;203(2):259 – 262.

3 Olivry, T., Mueller, R.S. Critically appraised topic on adverse food reactions of companion animals (7): signalment and cutaneous manifestations of dogs and cats with adverse food reactions. BMC Vet Res 15, 140 (2019). https://doi.org/10.1186/s12917-019-1880-2

4 Shelly L. Vaden Bruce Hammerberg Deborah J. Davenport Susan M. Orton Maureen M. Trogdon L. Tonatiuh Melgarejo Steven D. VanCamp David A. Williams Food Hypersensitivity Reactions in Soft Coated Wheaten Terriers with Protein-Losing Enteropathy or Protein-Losing Nephropathy or Both: Gastroscopic Food Sensitivity Testing, Dietary Provocation, and Fecal Immunoglobulin E, J Vet Intern Med 2000;14:60 – 67

5 Picco, F., Zini, E., Nett, C., Naegeli, C., Bigler, B., Rüfenacht, S., Roosje, P., Gutzwiller, M.E.R., Wilhelm, S., Pfister, J., Meng, E. and Favrot, C. (2008), A prospective study on canine atopic dermatitis and food-induced allergic dermatitis in Switzerland. Veterinary Dermatology, 19: 150 – 155. doi:10.1111/j.1365-3164.2008.00669.x

6 Nødtvedt, A., Bergvall, K., Sallander, M., Egenvall, A., Emanuelson, U. and Hedhammar, Å. (2007), A case–control study of risk factors for canine atopic dermatitis among boxer, bullterrier and West Highland white terrier dogs in Sweden. Veterinary Dermatology, 18: 309 – 315. doi:10.1111/j.1365-3164.2007.00617.x

7 Noli C., Scarampella F., Toma St. Praktische Dermatologie bei Hund und Katze, Schlütersche Verlagsgesellschaft, Hannover, 2014, 3.Aufl; S.305

8 A. Verlinden, M. Hesta, S. Millet & G. P.J. Janssens (2006) Food Allergy in Dogs and Cats: A Review, Critical Reviews in Food Science and Nutrition, 46:3, 259 – 273, DOI: 10.1080/10408390591001117

9 Schäfer, T., Bauer, C., Beyer, K. et al. S3-Leitlinie Allergieprävention — Update 2014. Aller-go J 23, 32 – 47 (2014). https://doi.org/10.1007/s15007-014-0635-4

10 Olivry, T., DeBoer, D.J., Favrot, C. et al. Treatment of canine atopic dermatitis: 2015 up-dated guidelines from the International Committee on Allergic Diseases of Animals (ICADA). BMC Vet Res 11, 210 (2015). https://doi.org/10.1186/s12917-015-0514-6

11 Bohle, Barbara et al. Cooking birch pollen–related food: Divergent consequences for IgE- and Tcell–mediated reactivity in vitro and in vivo Journal of Allergy and Clinical Immunology, Volume 118, Issue 1, 242 – 249

12 Mueller, R.S., Olivry, T. & Prélaud, P. Critically appraised topic on adverse food reactions of companion animals (2): common food allergen sources in dogs and cats. BMC Vet Res 12, 9 (2016). https://doi.org/10.1186/s12917-016-0633-8

13 Jeffers J.G., Meyer E.K. and Sosis E.J. (1996) Responses of dogs with food allergies to single-ingredient dietary provocation. JAVMA, 209 (3): 608-611

14 Olivry, T., Bexley, J. Cornstarch is less allergenic than corn flour in dogs and cats previously to corn. BMC Vet Res 14, 207 (2018). https://doi.org/10.1186/s12917-018-1538-5

15 Nüesch-Inderbinen Magdalena, Treier Andrea, Zurfluh Katrin and Stephan Roger Raw meat-based diets for companion animals: a potential source of transmission of pathogenic and antimicrobial-resistant Enterobacteriaceae 6R. Soc. open sci. http://do. i.org/10.1098/rsos.191170

16 S. L. Lefebvre, R. Reid-Smith, P. Boerlin, J. S. Weese: Evaluation of the risks of shedding Salmonellae and other potential pathogens by therapy dogs fed raw diets in Ontario and Alberta. In: Zoonoses and public health. Band 55, Nummer 8–10, Oktober 2008, ISSN 1863-1959, S. 470–480, doi:10.1111/j.1863-2378.2008.01145.x. PMID 18811908.

17 Mueller, R.S., Olivry, T. Critically appraised topic on adverse food reactions of companion animals (4): can we diagnose adverse food reactions in dogs and cats with in vivo or in vitro tests?. BMC Vet Res 13, 275 (2017). https://doi.org/10.1186/s12917-017-1142-0

18 Ricci, R., Conficoni, D., Morelli, G. et al. Undeclared animal species in dry and wet novel and hydrolyzed protein diets for dogs and cats detected by microarray analysis. BMC Vet Res 14, 209 (2018). https://doi.org/10.1186/s12917-018-1528-7

19 Olivry, T., Mueller, R.S. Critically appraised topic on adverse food reactions of companion animals (5): discrepancies between ingredients and labeling in commercial pet foods . BMC Vet Res 14, 24 (2018). https://doi.org/10.1186/s12917-018-1346-y

20 Bizikova, P. and Olivry, T. (2016), A randomized, double-blinded crossover trial testing the benefit of two hydrolysed poultry-based commercial diets for dogs with spontaneous pruritic chicken allergy. Vet Dermatol, 27: 289-e70. doi:10.1111/vde.1230212.

21 Loeffler A, Soares-Magalhaes R, Bond R, et al. A retrospective analysis of case series using home-prepared and chicken hydrolysate diets in the diagnosis of adverse food reactions in 181 pruritic dogs. Vet Dermatol 17:273-279, 2006.

22 Olivry, T. and Bizikova, P. (2010), A systematic review of the evidence of reduced allergenicity and clinical benefit of food hydrolysates in dogs with cutaneous adverse food reactions. Veterinary Dermatology, 21: 32-41. doi:10.1111/j.1365-3164.2009.00761.x

23 Olivry, T., Mueller, R.S. & Prélaud, P. Critically appraised topic on adverse food reactions of companion animals (1): duration of elimination diets. BMC Vet Res 11, 225 (2015). https://doi.org/10.1186/s12917-015-0541-3

24 Favrot, C., Bizikova, P., Fischer, N., Rostaher, A. and Olivry, T. (2019), The usefulness of short-course prednisolone during the initial phase of an elimination diet trial in dogs with food-induced atopic dermatitis. Vet Dermatol, 30: 498-e149. doi:10.1111/vde.12793

25 Hill, P.B., Lau, P. and Rybnicek, J. (2007), Development of an owner-assessed scale to measure the severity of pruritus in dogs. Veterinary Dermatology, 18: 301-308. doi:10.1111/j.1365-3164.2007.00616.x0

Bücher und Dissertationen als weitere Quellen

Albanese, Francesco: Atlas der dermatologischen Zytologie bei Hund und Katze, Merial Italia, 2010

Becker, Nicola Stephanie: Erhebungen zur Fütterung von Hunden und Katzen mit und ohne Verdacht auf eine Futtermittelallergie in Deutschland, Inaugural-Dissertation zur Erlangung der tiermedizinischen Doktorwürde der Tierärztlichen Fakultät der Ludwig-Maximilians-Universität, München 2009

Bethlehem, Simone: Patch Test und Allergen-spezifische Serumantikörper als Diagnostika bei der Futterunverträglichkeit des Hundes, Inaugural-Dissertation zur Erlangung der tiermedizinischen Doktorwürde der Tierärztlichen Fakultät der Ludwig-Maximilians-Universität, München 2011

Cordón, Carlos Vich; Guerrero, Fernando Fariñas: Clinical Immunodermatology in small animals, Servet Publishing, 2016

Dillitzer, Natalie: Ernährungsberatung in der Kleintierpraxis, Elsevier (Verlag), 2009

Gotthelf, Louis N.: Ohrerkrankungen der Kleintiere, Urban & Fischer in Elsevier, 2008

Hnilica, Keith A.; Patterson, Adam P.: Small Animal Dermatology, A Color Atlas and Therapeutic Guide, Saunders 2016, 4th Revised edition

Miller, William; Griffin, Craig; Campbell, Karen: Muller and Kirk's Small Animal Dermatology, Elsevier 7th Edition November 2012

Neuber, Ariane; Nuttall, Tim: Diagnostic Techniques in Veterinary Dermatology, Wiley-Blackwell, 2017

Noli, Chiara; Scarampella, Fabia; Toma, Stefano: Praktische Dermatologie bei Hund und Katze, Schlütersche 2013 3., überarbeitete und erweiterte Ausgabe

Prélaud, Pascal: Allergologie beim Hund, Parey - Blackwell Verlag, 2002,

Reedy Lloyd M.; Miller, William H.; Willemse, Ton: Allergische Hauterkrankungen bei Hund und Katze, Schlütersche, 2002

Wagner, Regina; Hunsinger, Birgit: Allergene bei Tieren, Laboklin, 2016

Zimmer, Anja: Futtermittel-spezifisches IgG und IgE vor und nach Eliminationsdiäten bei allergischen Hunden, Inaugural-Dissertation zur Erlangung der tiermedizinischen Doktorwürde der Tierärztlichen Fakultät der Ludwig-Maximilians-Universität, München 2012

Index

H

I

J

K

L

M

N

O